普通高等教育“十四五”系列教材

水资源规划及利用中的复杂水利计算问题

主　编　张　芮

·北京·

内 容 提 要

本书主要围绕水资源规划及利用领域中的水库兴利调节计算、洪水调节计算、水能计算及水库调度、流域及区域水资源规划中的复杂计算问题，从不同视角提出解决复杂问题的思路和具体方法，同时结合实际工程案例，阐述不同计算方法在解决复杂计算问题中的效果，旨在培养学生处理复杂计算问题的能力。

本书是高等学校水利水电工程、农业水利工程、水文与水资源工程专业的必修课“水利水能规划”（“水资源规划及利用”）的辅助教材，也可供水利工程技术人员在开展水利水能规划工作时参考使用。

图书在版编目（CIP）数据

水资源规划及利用中的复杂水利计算问题 / 张芮主编. -- 北京 : 中国水利水电出版社, 2023.12
普通高等教育“十四五”系列教材
ISBN 978-7-5226-1377-2

Ⅰ. ①水… Ⅱ. ①张… Ⅲ. ①水资源管理－研究－高等学校－教材 Ⅳ. ①TV213

中国版本图书馆CIP数据核字(2022)第256878号

书　名	普通高等教育“十四五”系列教材 **水资源规划及利用中的复杂水利计算问题** SHUIZIYUAN GUIHUA JI LIYONG ZHONG DE FUZA SHUILI JISUAN WENTI
作　者	主编　张　芮
出版发行	中国水利水电出版社 （北京市海淀区玉渊潭南路1号D座　100038） 网址：www.waterpub.com.cn E-mail：sales@mwr.gov.cn 电话：（010）68545888（营销中心）
经　售	北京科水图书销售有限公司 电话：（010）68545874、63202643 全国各地新华书店和相关出版物销售网点
排　版	中国水利水电出版社微机排版中心
印　刷	清淞永业（天津）印刷有限公司
规　格	184mm×260mm　16开本　10.75印张　262千字
版　次	2023年12月第1版　2023年12月第1次印刷
印　数	0001—1000册
定　价	**32.00**元

前言

本书是高等学校水利水电工程、农业水利工程、水文与水资源工程专业的必修课“水利水能规划”（有些高校称为“水资源规划及利用”）的辅助教材和专门研究解决水资源规划及利用中的复杂水利计算问题的书籍。

本书所研究解决的复杂水利计算问题是指不能通过常规方法可以完全解决，而必须通过深入分析，并建立合适抽象模型或选择适宜的方法来解决的水资源规划及利用领域具有较高综合性（包括多个相关子问题）的计算问题，主要包括水资源规划及利用领域中的水库兴利调节计算、洪水调节计算、水能计算及水库调度、流域及区域水资源规划计算中的复杂计算问题。针对上述复杂计算问题，从不同视角提出解决问题的思路、方案和具体方法，旨在培养学生处理复杂计算问题的思路及方法。同时结合实际工程案例，阐述不同计算方法或方案在解决复杂计算问题中的效果，为培养学生工程实践能力提供指导，同时本书也可作为水利工程技术人员开展水利水能规划工作的参考用书。

本书由甘肃农业大学张芮任主编，甘肃农业大学高彦婷、甘肃省水文站黄维东任副主编，甘肃农业大学马亚丽、李雅娴及甘肃省水利水电勘测设计研究院有限责任公司唐瑞萍参与编写，张芮负责统稿。各章编写分工如下：马亚丽、张芮合作编写第1章；张芮负责编写第2～4章，高彦婷负责编写第5、6章；黄维东、高彦婷、李雅娴合作编写第7章；唐瑞萍、黄维东、高彦婷、马亚丽参与收集和整理了本书相关案例。

本书的出版得到了甘肃农业大学混合式教学课程及甘肃省线上线下混合式一流课程“水资源规划及利用”的资助和中国水利水电出版社的大力支持，编者在此一并致谢。

对于书中的不足之处，希望读者批评，并提出改进意见。

编者

2022年12月

目 录

第 1 章　水资源规划发展历程及趋势

内容导读：本章介绍水资源规划的定义、类型、目标任务及主要复杂计算问题；概括了国内外水资源规划工作的发展历程，提出了未来需全球合作解决的相关水资源系统规划及治水技术问题。

教学目标及要求：通过本章的教学，要求学生掌握水资源规划工作的目标任务及主要内容，能正确剖析水资源规划中的复杂计算问题；掌握我国新时代治水思路，了解全球亟待解决的治水问题。

1.1　水资源规划内容及复杂计算问题

1.1.1　水资源规划定义及类型

1. 水利水能规划定义

水利水能规划是指水资源与水能规划，简称为水资源规划，其定义可分为广义和狭义的。

狭义的水资源规划可定义为对一项水资源开发的条理化的工程计划，从阐明开发目标开始，通过各种方案的分析比较，到开发利用方案的最后决策，进行一系列研究计算的总称。

广义的水资源规划是水利规划的重要组成部分，主要是对流域或区域水利综合规划中进行水资源多种服务功能的协调，为适应各类用水需要的水量科学分配、水的供需分析及解决途径、水质保护及污染防治规划等方面的总体安排。水资源规划是在统一的方针、任务和目标指导下，通过对水资源时空分布的再调整，协调防洪抗旱、开源节流、供需平衡以及发电、通航、水土保持、景观和生态环境保护等专业方向的关系，评价方案实施后对经济、社会和环境的潜在影响。

从上述关于水资源规划的论述可以看出，不同学者对水资源规划定义的差别，主要集中在如何确定水资源规划的范围。国外将水资源规划的范围几乎扩大到与水有关的一切方面，而我国关于水资源规划的范围则更多地聚焦在对水资源与其他相关专业领域的协调上。

2. 水资源规划的分类

水资源规划按规划的范围、对象可分为四类：跨流域水资源规划（如南水北调工程）；流域水资源规划；地区水资源规划；专门水资源规划（针对某一部门或行业做的规划，如农田灌溉系统规划、城市供水系统规划、水力发电工程系统规划、防洪工程系统规划、抗旱系统规划、航道工程系统规划与管理，针对某一工程做的规划，如三峡工程规划、白鹤滩水电站规划等)。

一般而言,狭义的水资源规划属于专门水资源规划,即一个用水部门或一项水利工程的具体规划(水利水能计算范畴),详见本书第 3 章水库兴利调节计算、第 4 章水库洪水调节计算、第 5 章水库水能计算。广义的水资源规划主要为流域、地区、跨流域水资源规划的范畴,见本书第 7 章的内容。

3. 水资源规划与水资源利用

水资源有多种功能可资利用:用于各种各样的耗(用)水需要的水量,如灌溉、农村人饮、城市和工业用水等;直接用于驱动机械转动或转换为电能的水能;作为某些特殊产品(主要是饮料、保健品等)的原料和媒介的水质。地表水体(如河流、湖泊、水库等)又可用于水产养殖、航运和旅游娱乐活动等。

在开发利用水资源的活动中,水资源的各种功能在开发利用并产生效益的同时,也会产生矛盾,即一种功能的开发有可能或必定影响另一种功能作用的发挥,甚至会因服务对象的不同而在对象间产生矛盾。例如在水电站的上游引水用于供水,就会影响水电站的发电量,而水电站的下游用水,又会因水电站的运行放水而在数量上与时间分配上产生矛盾。无论水库是用于供水还是发电,都会对水库下游的航运、水生生物的养殖、繁殖和洄游产生影响。

因此,在水资源开发利用时须制定科学的水资源规划方案,从当地的自然和社会条件以及各方面对水资源功能的要求出发,分别考虑各种功能开发的原则并进行综合,确定不同地点水利工程是单项开发单种特定功能还是综合开发多种功能,并且进一步根据工程地点的社会、经济和自然条件及客观要求,找出其主要的、可以开发的某几种功能,并有所侧重。正是出于这种考虑,在水资源规划中,除了应尽量采用先进的技术方法外,还要充分听取各种功能用户的代表性意见和要求,以作为制定规划方案的参考。正是由于需要协调上述水资源不同功能开发利用部门间的矛盾,故必须制定一个水资源规划方案,以指导今后水资源开发利用及环境保护工作,确保水资源的可持续利用并支撑经济社会的可持续发展。

1.1.2　水资源规划的目标与任务

1. 水资源规划的目标

广义的水资源规划作为国民经济发展总体规划的重要组成部分和基础支撑,目标是在国家社会、经济发展总体目标要求下,根据自然条件和社会经济发展情势,为水资源的可持续利用与管理,制定未来水平年(或一定年限内)水资源的开发利用与管理措施,以利于人类社会的生存发展和对水的需求,促进生态环境和国土资源的保护。我国《全国水资源综合规划技术大纲》(水利部水规计〔2002〕330 号)提出,水资源综合规划的目标是:"为我国水资源可持续利用和管理提供规划基础,要在进一步查清我国水资源及其开发利用现状、分析和评价水资源承载能力的基础上,根据经济社会可持续发展和生态环境保护对水资源的要求,提出水资源合理开发、优化配置、高效利用、有效保护和综合治理的总体布局与实施方案,促进我国人口、资源、环境和经济的协调发展,以水资源可持续利用支持经济社会可持续发展。

具体的水资源规划目标包括除水害和兴水利两类。除水害的目标包括对河道、湖泊、水库、渠道、滩涂、湿地等天然和人工水体的淤积、萎缩和退化等问题的治理，保证防洪安全和水生态安全。兴水利的目标包括通过修建各种水利工程，调节水资源的时空分布，推进水资源充分利用，满足日益增长的社会经济用水需求。

2. 水资源规划的任务

无论水资源规划的目标是如何多种多样，其核心是围绕着水的循环性所产生的可再生资源带来的各种功能及水资源的高效、集约、节约利用开展的，由此可概括出水资源规划及利用的一般任务为：针对水资源规划尺度（流域、地区、单个工程等范围）及各用水部门需求，进行水资源调查评价、水资源开发利用情况调查评价、需水预测、供水预测、供需平衡分析、总体布局与实施方案（单个工程需通过兴利、防洪、水能等调节计算公式确定出具体的工程规模，如兴利库容、防洪库容、装机容量等指标）、规划实施效果评价。

随着世界人口的急剧增长和经济的飞跃发展，人们对水资源开发利用的期望越来越高。除了对水量的要求外，还得考虑水质控制、环境保护、生态平衡的需要。从目标上讲，已从单目标、多用途扩大到多目标、多用途；从地域上讲，也已从单一河段、单一水库发展到水库群、全流域乃至跨流域的整个水资源工程系统的规划和开发治理。

1.1.3 水资源规划的内容及复杂计算问题

本书在编写时重点剖析单个工程的水资源综合开发利用（兴利、防洪、水能等）计算中的复杂问题，通过案例方式介绍解决复杂水利计算问题的方法。在此基础上，本书第7章介绍了中观尺度的水资源规划及利用算例。该内容体系是按40～56学时设计的，在教学过程中可根据专业特点及计划学时适当精简部分内容。

书中拟解决的相关复杂水利计算问题如下。

(1) 河段水能开发方式及水电站出力系数选择，灌溉水源及灌溉取水方式选择，水库动库容曲线绘制，水库设计保证率的确定。

(2) 水库兴利调节计算中考虑水量损失后兴利库容的推求问题（由于时段末的水库蓄水量$V_{末}$未知，则该时段平均蓄水量$V_{平}$未知，水库损失量$W_{蒸}$、$W_{渗}$不能直接求解，导致$V_{末}$仍不能求解，使问题陷入死循环）。

(3) 水库调洪计算中逐时段地联立求解水库的水量平衡方程和水库的蓄泄方程困难问题（由于水库蓄泄方程是由泄流方程与特性曲线组合而成，且对于某一频率的洪水线，流量（Q）和库容（V）是关于时间的函数，因此直接求水库蓄泄方程和水库水量平衡方程的解析解极为困难）。

(4) 水库调洪计算中泄洪建筑物类型和尺寸未知的问题（在水库正常蓄水位即溢洪道堰顶高程一定的条件下，溢洪道宽度的选择主要取决于坝址地形、枢纽整体布置及下游地质条件所允许的最大单宽流量等因素，应通过技术经济分析比较确定）。

(5) 设闸门的溢洪道水库的调洪计算问题（随着闸门的启闭，有闸溢洪道泄流有时属控制泄流，有时属闸门全开的自由泄流。因此，调洪计算时，应先根据下游防洪、非常泄洪和是否有可靠的洪水预报等情况拟定调洪方式，即定出各种条件下启闭闸门和启用非常泄洪设施的规则，调洪计算则依此进行）。

(6) 水能计算方程求解困难问题［水能计算方程为微分方程，理论上当流量与时间的函数$Q(t)$、出力与时间的函数$N(t)$函数形式已经给出，及库水面面积与水头的函数

$A(h)$ 为已知时，结合已知 A 的边界（起始）条件来求解微分方程，就可得出全年水库蓄泄曲线 $h(t)$（水头与时间的函数）的解析式。一般情况下，上述微分方程的求解是困难的]。

（7）水库调度图数据计算及调度线修正方法，流域、区域尺度水资源规划中水资源调查评价、水资源开发利用规划、需水预测、供水预测、水资源配置等复杂计算问题。

1.2　水资源规划发展历程及趋势

初期水资源规划仅限于水资源的简单利用，即只是为了人类生存而自发地去利用水资源，表现为水资源利用目标单一、利用措施简陋、利用方式原始。这种形式跨越了漫长的历史阶段，可追溯至人类社会的开始至 19 世纪中后期。我国是世界上水利事业的发源地之一，最早的防洪工程出现在 5000 年以前，商代就有了田间供排水工程的记载。春秋战国时期，修建了著名的都江堰和郑国渠。建于公元前 486 年的京杭大运河，沟通五大水系，是世界上最大的跨流域水利工程。其他几个文明古国的水利事业，大约始于公元前 3000—公元前 2000 年，古埃及在尼罗河上引洪淤灌、古巴比伦在幼发拉底河和底格里斯河兴修水利工程、古印度在恒河和印度河上大规模引水灌溉，创造了尼罗河流域、苏米伦和巴比伦以及古印度的灿烂文化，成为世界文明的发源地。

19 世纪末期以后，工业的迅速发展和城市人口的增长及大规模垦荒，都要求水资源有新的发展。水利的内涵及其概念也变得日益广阔，包括防洪除涝、农田灌溉、水力发电、内河航运、城乡人民生活和工矿企业用水、利用河湖水库等水面发展水产养殖和旅游等。水资源利用进入了多目标综合利用时期，人类为了满足自身对水资源日益增长的各种需求，想方设法地、大规模地利用各类能够利用的水资源，包括地表水、地下水，甚至冰川，修建了大量综合性水利工程。在短短的百年时间内所取得的巨大成就，远远超过了漫长的初期水资源利用阶段。然而，由于水资源综合利用只注重社会需求和片面追求经济效益，忽视社会和环境影响，在人类取得巨大经济效益的同时，社会和环境问题接踵而至，危及人类的生存和社会的稳定发展。在此背景下，人类不得不重新考虑水资源的利用问题。

1.2.1　国外水资源规划发展历程

国外大多数国家水资源规划都是以流域或水系为单位来制定的，如美国、英国、日本、法国、澳大利亚等。同时，这些国家也编制各种专业规划和专项规划，如防洪、治涝、灌溉、城镇供水、地下水开发利用、水土保持、水资源保护等规划。很多国家的水资源规划是分层次的，如美国的水资源规划从层次上划分为 A 级（联邦级别）、B 级（流域或区域级别）、C 级（具体的行动规划）三个层次。英国的水资源规划有国家级、流域级、区域级规划，甚至还可以制定各基层地方的水资源规划。日本的水资源规划分为全国规划和水系规划两个层次，其特点是先有水系规划，后有全国规划。法国的水资源规划分为流域规划和地方规划。澳大利亚将注意力集中到水资源保护和有效利用上，由于频繁发生大面积、长历时的干旱，2007 年制定了“未来之水”规划，以期解决水资源短缺问题，实现水资源的可持续利用。

国外水资源优化配置研究始于20世纪50年代以后，90年代以来由于水污染和水危机的加剧，传统的以水量和经济效益最大为目标的水资源优化模式已不能满足需要，国外开始在水资源优化配置中注重水质约束、环境效益以及水资源可持续利用研究。1992年，Afzal J等对巴基斯坦的某个地区的灌溉系统建立线性规划模型，对不同水质的水的使用问题进行优化。1995年，Watkins David W提出了一种伴随风险和不确定性的可持续水资源规划模型框架，建立了有代表性的联合调度模型。1997年，Wong Hugh S提出支持地表水、地下水联合运用的多目标多阶段优化管理的原理方法，在需水预测中要求地下水、当地地表水、外调水等多种水源的联合运用，并考虑了地下水恶化的防治措施。1999年，Kumer Arum建立了污水排放模糊优化模型，提出了流域水质管理的经济和技术上可行的方案，还提出了一个所有污水排放非歧视性可替代方案，并由污染控制部门来实施。

为了推动国际和国家水资源可持续开发及管理的研究，近20多年来，国际上召开了一系列专题学术会议。1992年，在爱尔兰召开的“国际水和环境大会：21世纪的发展与展望（ICWE）”，提出了水资源系统及可持续性研究问题，会议通过的《都柏林宣言》提出：“淡水紧缺和使用不当，对持续发展和环境保护构成了严重且不断增长的威胁”，并且认为出路只有“采取根本的、新的途径去评价、开发和管理淡水资源”。也就是说，人类必须寻求一条可以持续地开发、利用水资源的正确途径，才能保证人类社会和人类生存环境的持续发展。1993年7月，在日本横滨召开的“第六届国际气象大气物理科学大会和第四届国际水文科学大会联合大会”，讨论了全球变化对水文水资源影响问题。1993年10月，在德国召开的研究不同时空尺度水信息变化的相似性和变异性为目标的“第二届国际实验与网络资料水流情势（2nd International Conference on Experimental and Network Data Flow Regimes，FREND）学术大会”，研讨了可持续水资源管理的水文学基础及信息资料问题。1994年6月，在德国卡尔斯鲁厄由联合国教科文组织（UNESCO）主持和国际水资源协会（IAW）与国际水文科学协会（IAHS）协办召开的“变化世界中的水资源规划国际学术大会”，探讨了可持续水资源管理的四个专题：可持续水资源管理研究的展望，水资源开发中的风险和不确定性，水资源可持续管理的决策支持系统，水资源开发与环境保护的协调。1995年，在美国由国际水文科协水资源系统委员会（ICWRS）举办了“流域尺度可持续水资源系统的模拟和管理”学术讨论会，并以国际水资源系统委员会为核心成立了“可持续水库开发和管理准则”国际研究组。1996年10月，在日本京都召开了“国际水资源及环境大会：面向21世纪新的挑战”，专门讨论了流域尺度可持续水资源系统管理的应用实例，水的利用，水库、监测水质水量和科学的管理方法，水质水量的可持续模拟，风险和不确定性，模型的检验，地理信息系统（GIS）的应用等。1997年4月，在摩洛哥召开的第5届IAHS科学大会期间，举办了“不确定增加下的水资源可持续性管理学术大会”，其中专门讨论了洪水与干旱管理，水资源开发对环境的影响，水文/生态模拟和环境风险评价等。2001年，国际水文科学学会（IAHS）在荷兰马斯特里希特召开了“区域水资源管理研讨会”。针对区域尺度水资源管理的许多科学问题进行了研讨，主要包括三大部分内容：过去管理实践中的经验和教训，面对挑战的区域可持续水资源管理，水资源管理的研究方法。焦点问题是不同尺度建模方法的发展和水资源管理各种模型的应用。2019年5月，由联合国教科文组织（UNESCO）和全球能源互联网发展合作组织（GEIDCO）在法国巴黎共同主办了首届“联合国国际水资源大会”，围绕水资源的跨部门协调管理、非洲能源互联与水资源、水问题与技术创新、水资源教育和可持续发展等主题展开讨论和交流，会议期间全球能源互联网发展合作组织发布了《构建非洲能源互联网促进水资源开发，实现“电—矿—冶—工—贸”联动发展》和《欧洲能源互联网规划研究报告》，为促进非洲水能资源高效开发利用、推动亚欧非能源电力互联互通提供了“中国方案”，呼吁各国更加重视全球水资源治理与保护，通过跨部门协调管理、国家间合作、技术创新等方式促进能源与水资源协调可持续发展。2021年11月，第17届“世界水资源大会”在韩国大邱以线上线下结合方式举办，大会聚焦水安全问题，讨论全球共同面临的气候变化、生物多样性退化、洪涝灾害等问题和挑战。水利部副部长田学斌以录制视频方式出席大会，介绍我国在持续提升水旱灾害防御能力、水资源集约节约利用能力、水资源优化配置能力、大江大河大湖生态保护治理能力，实施国家水网重大工程、复苏河湖生态环境、推进智慧水利建设、建立健全节水制度政策、强化体制机制法治建设等方面的解决方案，对各国保障水资源安全、实现联合国2030年可持续发展议程涉水目标具有现实借鉴和指导意义。

1.2.2 国内水资源规划发展历程和趋势

1. 新中国成立后我国水资源规划发展历程

新中国成立后，我国水利事业进入了一个快速发展时期，1956—1959年间先后提出了淮河、海河、辽河、长江、珠江的流域规划报告或规划要点报告，它们都是采用常规方法完成的，并且侧重于工程规划。20世纪60年代以后，由于系统工程理论与计算机技术的发展，系统分析的方法被应用到水资源系统规划中来，中国水利水电科学研究院水文研究所用系统分析方法对水库的优化调度进行了研究。系统分析方法对于流域水资源规划具有许多优点，它能完成常规方法所不能做到的大量的方案比较、模拟与筛选的工作，因此备受各国江河流域管理部门的青睐。在70年代后期，在防洪、发电、灌溉、排涝等规划中开始应用系统分析的方法，使得系统分析方法在水资源研究领域得到了广泛应用，并取得了显著的效果。例如红水河梯级水电站开发规划系统分析研究、引滦入津系统分析研究、北京地区水资源系统数学模型的研究、松花江流域开发系统模拟研究等。80年代后，对一些大江大河的流域规划又进行了修订，由于引入系统工程原理和方法，水资源规划的传统做法发生了变化，并且针对世界人口迅速增长，水资源开发规模不断扩大，地区、部门之间的用水矛盾进一步加剧，经济效益与生态环境日益突出等情况，许多水资源规划的目标都由以往着重强调经济发展，逐步过渡到更广泛的社会需求方面，提出了包括社会、环境在内的更多目标，即所谓的多目标规划。现代的水资源系统规划，已成为一门将自然、技术和社会科学交织在一起的综合性学科。近年来，我国的水行政主管部门组织全国的广大水利工作者，结合农业区划和国土规划，先后进行了全国性和区域性的水资源评价、水资源开发利用和水利区划工作。

随着我国水利水能规划工作的持续推进，水资源优化配置的研究也逐步开展。20世纪60年代，开始了以水库优化调度为先导的水资源分配研究。80年代初，由华士乾教授为首的研究小组对北京地区的水资源利用系统工程方法进行了研究，并在国家“七五”攻关项目中加以提高和应用。该项研究考虑了水量的区域分配、水资源利用效率、水利工程建设次序以及水资源开发利用对国民经济发展的作用，成为水资源系统中水量合理分配的雏形。随后，水资源模拟模型在北京及海河北部地区得到了应用。80年代中后期，学术界开始提出水资源合理配置及承载能力的研究课题，并取得初步成果。1998年，新疆水利厅在自治区科委的支持下，会同有关单位进行了“新疆水资源及其承载能力和开发战略对策”的课题研究。该课题深入研究了水资源形成机理、水资源特征及优势、水资源长期变化趋势预测、水资源潜力及承载能力和水资源开发利用对策，首次涉及水资源承载力的分析计算方法，并提出初步成果。其中，提出的水资源开发对策和措施为自治区水利建设的发展指明了方向。1994—1995年，由联合国USDP和USEP组织援助、新疆水利厅和中国水利水电科学研究院负责实施的“新疆北部地区水资源可持续利用总体规划”项目，在水利部、国家经贸委的支持下，联合自治区有关单位，对新疆北部地区的经济、水资源与生态环境之间协调发展进行了较为充分的研究，提出了基于宏观经济发展和生态环境保护的水资源规划方案。其成果受到国际组织和国内专家的高度评价，并得到地方政府的认可。中国水利水电科学研究院、航天工业总公司710研究所和清华大学相互协作，在国家“八五”攻关和其他重大国际合作项目中，系统地总结了以往工作的做法和经验，将宏观经济、系统方法与区域水资源规划实践相结合，形成了基于宏观经济的水资源优化配置理论，并在这一理论指导下提出了多层次、多目标、群决策方法，并将水资源优化配置决策支持系统应用到了华北水资源专题研究成果上。如何在传统区域发展模式和自然资源开发利用模式的基础上有所突破，进一步丰富面向可持续发展的水资源学科体系，以便更好地指导实践，学术界做了十分有益的探索。特别是在水资源优化配置的基本概念、优化目标、基本平衡关系、需求管理、供水管理、水质管理、经济机制、决策机制及各主要模型的数学描述等方面，均有新的研究成果，并在华北地区、新疆北部地区得到了广泛应用，取得了较大的经济和社会效益。

党的十七大报告提出建设生态文明，并强调“必须把建设资源节约型、环境友好型社会放在工业化、现代化发展战略的突出位置，落实到每个单位、每个家庭”。建立水资源论证制度，弥补建设项目水资源论证的不足，通过早期介入规划的制定过程，把水资源需求管理的源头从建设项目向前推进至区域、流域发展规划和行业发展规划阶段，真正体现了“抓源头、控过程”的水资源可持续利用管理措施。《国务院关于实行最严格水资源管理制度的意见》（国发〔2012〕3号）明确了水资源开发利用控制、用水效率控制和水功能区限制纳污“三条红线”主要目标及主要任务。

党的十八大以来，党中央、国务院作出了一系列重大决策部署，坚持“节水优先”方针，节水工作稳步推进。国家发展改革委、水利部会同相关部门先后印发《“十三五”水资源消耗总量和强度双控行动方案》《节水型社会建设“十三五”规划》《全国海水利用“十三五”规划》《全民节水行动》《水效标识管理办法》等一系列节水政策、规划与标准，节水管理政策制度逐步完善。全国用水总量持续增长势头得到有效遏制，水资源利用效率明显提高，各行业节水取得较好效果。2014年，习近平总书记提出“节水优先、空间均衡、系统治理、两手发力”的治水思路，为新时期水资源规划及利用工作科学推进提供了全新的视角，也为有效解决水问题提出了全新的思路。

2. 国内水资源规划发展趋势

在与世界的互动中，我国水利行业积极参与多边涉水合作和重要国际水事活动，主动融入国际社会，关注全球水问题，为全球水资源利用保护以及水治理改革发展做出积极贡献。

随着我国经济社会的快速发展，水利国际合作呈现多元化和全方位快速发展势头，合作方式、途径及领域不断拓展。我国在积极引进发达国家先进水利技术、设备和管理经验的同时，几十年来也积累了大量引以为傲的水利工程建设和治水经验，在世界涉水领域扮演越来越重要的角色，实现了从跟跑到领跑的转变。在习近平新时代中国特色社会主义思想指引下，我国积极践行的"节水优先、空间均衡、系统治理、两手发力"治水思路引发了国际社会的共鸣。我国贯彻"绿水青山就是金山银山"理念，以水生态治理带动地方脱贫攻坚和经济转型升级的成果获得普遍认可。在大江大河治理上，以调水调沙、全流域水资源统一配置管理为抓手的黄河治理成果影响明显。

为了从根本上解决水资源供需矛盾，我国先后建成了引滦入津、引碧入连、引黄济青、东深供水、胶东供水、引大入秦、引洮工程等一大批跨流域调水工程，南水北调工程、西部大开发水利建设更是引起了世界瞩目。我国建成了世界上规模最大的江河治理和水资源开发利用体系，实行最严格水资源管理制度，累计解决了5亿多农村人口饮水安全问题，以占世界近6%的淡水资源和9%的耕地，解决了占世界近20%人口的吃饭问题，提前10年实现联合国2030年可持续发展议程减贫目标，为人类发展进步做出了重大贡献。我国也有很多成功的治水典范，包括三峡工程、南水北调工程、黄河流域水利工程等，受到了国际同行和专家的高度评价。我国在治水兴水方面，出台了一系列加快水利改革发展的政策文件，为其他国家提供了典范，将对国际社会实现联合国千年发展目标起到促进作用。我国治水成功的经验主要体现在理念先导、目标引领，即注重和保障民生，注重水生态文明建设，注重科学治水科学管水，注重全面可持续发展。"绿水青山就是金山银山"在国际上具有重要的借鉴意义。

1.2.3　全球深度合作共同谱写水资源规划与治理新篇章

水资源是21世纪最重要的战略资源，在气候变化加剧等大背景下，全球面临着水资源供需矛盾突出、水旱灾害问题严峻、水循环机理认识不足、多要素多相态耦合模拟缺乏等难题，各国可加强水资源领域的合作：①全球约32亿人面临水资源短缺、12亿人生活在严重缺水区的背景下，稀缺的水资源精细化管理与全球粮食安全和脆弱的水生态系统及社会全面可持续发展协调问题；②水资源竞争加剧和气候变化的影响下利益相关方之间水资源获取的公平性及矛盾与冲突的缓和问题；③研究生态友好型发展的工程、非工程系统解决应对方案，提高水安全保障标准，降低风险；④充分利用新技术、新手段，持续深入研究不同尺度变化环境下水资源演变规律、机理、风险的问题；⑤研究水资源、经济社会和生态环境的协同发展路径；⑥研究水资源智慧化、精细化管理技术，提高水资源管理与治理水平等。

我国水利学者将在未来全球水治理、新时代水资源规划中继续贡献中国智慧，提出中国方案，发出中国声音，讲好中国故事，共同推动全球水科学技术进步，共同推进联合国2030年可持续发展议程、联合国气候变化框架公约中涉水目标的实现。

第2章　主要水利部门及常见复杂计算问题

内容导读：本章介绍水力发电、灌溉和其他水利部门的基本情况和用水特点，提出了水力发电机组出力系数、河流水能开发方式、灌溉取水方式如何选择，用水部门矛盾如何协调等复杂计算问题，并举例说明了解决上述问题的思路和方法。

教学目标及要求：通过本章的教学，要求学生掌握水力发电机组出力系数、河流水能开发方式、灌溉取水方式的选择方法，掌握用水部门之间的常见矛盾及协调方法。

2.1　水力发电计算中的复杂问题

2.1.1　水力发电的基本原理及水电站出力

1. 水力发电的基本原理

如图2.1所示，在某一河道中取一纵剖面，设有水体W，自上游断面Ⅰ—Ⅰ流经下游断面Ⅱ—Ⅱ，流速分别为V_1和V_2，由水力学知识可知，含蓄在该水体内上、下断面的能量分别为

$$\left.\begin{aligned}E_1&=\left(Z_1+\frac{P_1}{\gamma}+\frac{\alpha_1V_1^2}{2g}\right)W\gamma\\E_2&=\left(Z_2+\frac{P_2}{\gamma}+\frac{\alpha_2V_2^2}{2g}\right)W\gamma\end{aligned}\right\}\tag{2.1}$$

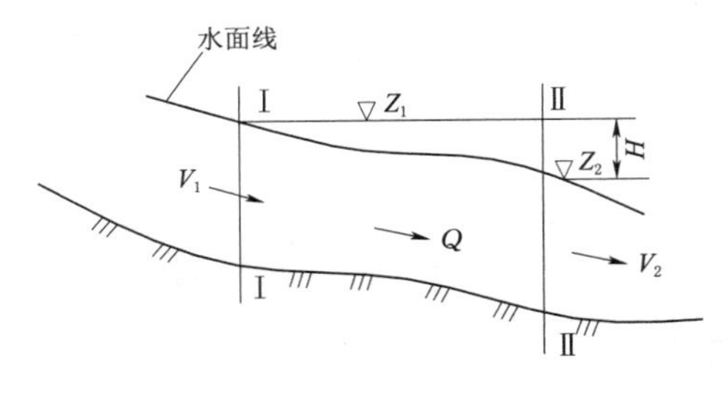

图2.1　水力发电原理示意图

式中　E_1、E_2——上、下游断面单位重量水体具有的总机械能；

Z_1、Z_2——上、下游断面单位重量水体具有的位能；

$\frac{P_1}{\gamma}$、$\frac{P_2}{\gamma}$——上、下游断面单位重量水体具有的压能；

$\frac{\alpha_1V_1^2}{2g}$、$\frac{\alpha_2V_2^2}{2g}$——上、下游断面单位重量水体具有的动能；

W——上、下游断面间水体的体积；

γ——水体的容重，$\gamma=\rho$（水的密度）$\times g$（9.81N/kg）。

两个能量之间的差值就是W在该河段中消耗的能量，用式（2.2）表示：

$$E_{1\text{-}2}=\left(Z_1-Z_2+\frac{P_1-P_2}{\gamma}+\frac{\alpha_1V_1^2-\alpha_2V_2^2}{2g}\right)W\gamma\tag{2.2}$$

假设上、下断面流速及其分布情形是相同的，且其平均压力也相等，即

$$\alpha_1 V_1 = \alpha_2 V_2, P_1 = P_2 \tag{2.3}$$

则公式（2.2）化简为

$$E_{1\text{-}2} = (Z_1 - Z_2) W\gamma = HW\gamma \tag{2.4}$$

在天然的河道情况下，这部分能量消耗在水流的内部摩擦、挟带泥沙及克服沿程河床阻力等方面，可以利用的部分往往很小，且能量分散。

为了充分利用两断面能量，就要有一些水利设施如壅水坝、引水渠道、隧洞等，使落差集中，以减小沿程能量消耗，同时把水流的势能、动能转换成为水轮机的机械能，通过发电机再转换成电能。

水力发电实质就是利用水力（具有水头）推动水力机械（水轮机）转动，将水能转变为机械能，如果在水轮机上接上另一种机械（发电机），随着水轮机转动便可发出电来，这时机械能又转变为电能。水力发电在某种意义上讲是水的势能变成机械能，又变成电能的转换过程。

2. 水电站出力

设发电流量为 $Q(\mathrm{m^3/s})$。在 $\Delta t(\mathrm{s})$ 内，有水体 $W = Q\Delta t$ 通过水轮机流入下游，则由式（2.4）可得水量 W 下降 H 所做的功：

$$E = \gamma WH = \gamma Q\Delta tH = 9810Q\Delta tH \tag{2.5}$$

式中　γ——水体的容重，$\gamma = \rho$（水密度）$\times g$（9.81N/kg）。

式（2.5）的单位为J。但是在电力工业中，习惯用kWh（或称为度）为能量单位，$1\mathrm{kWh} = 3.6\times10^6\mathrm{J}$，于是在 $T(\mathrm{h})$ 内所做的功为

$$E = 9810QTH \frac{3600}{3.6\times10^6} = 9.81QHT \tag{2.6}$$

由物理概念可知，单位时间内所做的功称为功率，故水流的功率是水流所做的功与相应时间的比值。一般的电力计算中，把功率称为出力，并用kW作为计算单位，即

$$N = \frac{E}{T} = 9.81QH \tag{2.7}$$

但运行中由于各种水头损失，实际出力要小一些，这些水头损失 ΔH 也可以用水力学公式来计算，所以净水头 $H_{净} = H - \Delta H$。此外，由水能变为电能的过程中也都有能量损失，令 η 为总效率系数（包括水轮机、发电机和传动装置效率），即

$$\eta = \eta_{水机}\ \eta_{电机}\ \eta_{传动} \tag{2.8}$$

实际计算中，通常把机组效率作为常数近似处理，即出力计算基本方程式：

$$N = 9.81\eta QH_{净} = AQH_{净} \tag{2.9}$$

式中　A——机组效率的一个综合效率系数，称为出力系数，由水轮机模型实验提供，也可以参考表2.1选用。

表 2.1 出 力 系 数

类 型	大型水电站 $N>25$ 万 kW	中型水电站 2.5 万 kW $\leqslant N \leqslant 25$ 万 kW	小型水电站 $N<2.5$ 万 kW		
			直接连用	皮带转动	经两次转动
出力系数	8.5	8	7.0～7.5	6.5	6

案例 2.1：甲水电站拟定开发的河段位于青海省大通河金沙峡至羊脖子弯河段，河道长 12.2km，平均比降 6.97‰。试确定该水电站的出力系数。

解：根据《黄河主要支流规划大纲》指导意见及开发河段地形情况，确定甲水电站采用低坝引水式开发方式，利用河道自然形成的落差和筑低坝抬高水头引水发电。水文分析计算按丰水年（$P=15\%$）、中丰年（$P=25\%$）、平水年（$P=50\%$）、中枯年（$P=75\%$）及枯水年（$P=85\%$）五个代表年甲水电站枢纽坝址处的天然径流（以日平均流量为单位）进行计算。五个代表年相应年平均流量分别为 99.45m^3/s、92.1m^3/s、82.79m^3/s、72.2m^3/s 及 68.27m^3/s，代表年流量均值为 83.93m^3/s，与长系列多年平均流量 82.6m^3/s 接近，所以选用的五个代表年的径流过程具有一定的典型代表性，可满足水能设计与计算要求，其中丰水年、平水年、枯水年三个代表年资料见表 2.2。

表 2.2 甲水电站设计年径流月分配表 单位：m^3/s

项 目	月份												全年
	1	2	3	4	5	6	7	8	9	10	11	12	
丰水年流量	22.6	22.8	27.8	86.0	92.2	129	246	228	157	98.4	53.9	29.7	99.45
平水年流量	20.7	22.1	27.8	43.5	47.2	162	274	155	109	66.5	42.2	23.5	82.79
枯水年流量	11.1	10.2	20.0	43.9	75.8	112	140	169	125	63.0	30.7	18.5	68.27
多年月平均流量	18.13	18.37	25.20	57.80	71.73	134.33	220.00	184.00	130.33	75.97	42.27	23.90	83.50

另外，考虑上游用水和引水后，应分别从水文代表年的天然日平均流量中扣除青海省大通河流域农、林、牧、工业及城镇总耗水量 0.85 亿 m^3 和“引硫济金”工程调水量 0.4 亿 m^3 以及“引大入秦”工程调水量 4.43 亿 m^3。甲水电站枢纽坝址处扣除上游用水后多年平均流量为 64.4m^3/s。根据生态及环保要求，为避免首部枢纽至厂房段约 7.45km 河道脱流，从枢纽处向下游河道下泄一定流量，在水能计算中扣除生态和排冰流量。

水能最优利用率常以水量利用率和设备利用率的乘积来表示，即：水能最优利用率＝水量利用率×设备利用率。为便于计算，可简化为水量利用率＝设计流量/上游多年的年平均流量之和；设备利用率（即 1 年中的利用率）＝年利用小时数/8760h。年利用小时数即该设计流量在 1 年中的保证运行小时数；流量保证率 $P=m/(n+1)\times 100\%$，其中 m 为该流量的运行天数，n 为 1 年的总天数，即 365d。

通过对甲水电站的水能最优利用率的计算比较（结果见表 2.3），可以看出大通河甲水电站水能最优利用率为 0.043，对应的设计流量为 130.33m^3/s。

表 2.3　　甲水电站的水能最优利用率的计算比较

月份	流量 Q（排序后）/(m^3/s)	m=30.4×月数	流量保证率 $P=\frac{m}{n+1}\times100\%$	水量利用率	设备利用率	水能最优利用率
(1)	(2)	(3)	(4)	(5)	(6)	(7)
7	220.00	30.40	8.31	0.220	0.083	0.018
8	184.00	60.80	16.61	0.184	0.167	0.031
6	134.33	91.20	24.92	0.134	0.250	0.033
9	130.33	121.60	33.22	0.130	0.333	0.043
10	75.97	152.00	41.53	0.076	0.416	0.032
5	71.73	182.40	49.84	0.072	0.500	0.036
4	57.80	212.80	58.14	0.058	0.583	0.034
11	42.27	243.20	66.45	0.042	0.666	0.028
3	25.20	273.60	74.75	0.025	0.750	0.019
12	23.90	304.00	83.06	0.024	0.833	0.020
2	18.37	334.40	91.37	0.018	0.916	0.017
1	18.13	364.80	99.67	0.018	0.999	0.018

注　(5)=(2)÷∑(2)；(6)=24×(3)÷8760；(7)=(5)×(6)。

根据拟开发水能资源河段地形、淹没浸没限制要求，结合表 2.2 来水流量分析，甲水电站为无调节水电站，电站的主要任务为发电。初步分析，本水电站装机容量初步估算约 6 万～7 万 kW（根据资料可估算得发电净水头约为 78m，采用水能最优利用率推算得设计流量约为 130.33m^3/s，具体见表 2.3），属中型水电站，据此根据表 2.1 可得该水电站出力系数 A 初步选取为 8。

2.1.2　河川水能资源的基本开发方式

1. 坝式

这类水电站的特点是上、下游水位差主要靠大坝形成，其优点是能调节水量，提高径流利用率，缺点是基建工程较大，且上游产生淹没区。这一类电站大都见于流量大、地势比较平缓的河段，同时还要有合适筑坝的地形地质条件。坝式水电站又有坝后式水电站和河床式水电站、河岸式水电站三种形式。

(1) 坝后式水电站。厂房布置在坝体下游侧，并通过坝体引水发电，厂房本身不承受上游水压力的水电站。该类水电站的厂房在结构上与大坝无关，若淹没损失相对不大时，适合中、高水头的水能开发类型。目前我国在建的世界级高坝大渡河双江口水电站大坝，在四川省阿坝州境内，土质心墙堆石坝的坝高 312m；世界上总装机容量最大的水电站，也是总装机容量最大的坝后式水电站是我国的三峡水电站，总装机容量为 38200MW。

(2) 河床式水电站。水电站厂房和坝、溢洪道等建筑物均建造在河床中，厂房本身承受上游水压力，起挡水作用，成为水库挡水建筑物的一部分，从而节省水电站挡水建筑物的总造价，属于用低坝开发的坝式水电站。这类水电站一般适用于低于 50m 的水头，随着水位的增高，作为挡水建筑物部分的厂房上游侧剖面厚度增加，使厂房的投资增大。我国目前总装机容量最大的河床式水电站是湖北省葛洲坝水电站，总装机容量为2715MW。

（3）河岸式水电站。当河谷狭窄，河内没有足够空间布置坝下游厂房时，可以将引水管道绕过坝体布置在河岸，水电站建筑物与坝分开，称为河岸式水电站。这种情况下，厂房也可以采用地下式，称为坝式水电站河岸地下厂房布置形式。甘肃省九甸峡水电站采用河岸式水电站地面厂房开发方案，发电引水隧洞长度为2248.1m。

2. 引水式

多位于河道坡度较陡的河段。只要在河流上修建低坝及引水工程，就可以通过引水渠道（隧洞）集中落差，在引水建筑物末端，接上压力水管，将水引入水电站厂房来发电。这类水电站的特点是上、下游水位差主要靠引水形成，工程造价比较低。引水式水电站又有无压引水式水电站和有压引水式水电站两种形式。

（1）无压引水式水电站。用引水渠道从上游水库长距离引水，与自然河床产生落差。渠首与水库水面为平水无压进水，渠末接倾斜下降的压力管道进入位于下游河床段的厂房，一般只能形成100m以内的水头，使用水头过高的话，在机组紧急停机时，渠末压力前池的水位起伏较大，水流有可能溢出渠道，不利于安全，所以电站总装机容量不会很大，属于小型水电站。

（2）有压引水式水电站。用穿山压力隧洞从上游水库长距离引水，与自然河床产生水位差。洞首在水库水面以下有压进水，洞末接倾斜下降的压力管道进入位于下游河床的厂房，能形成较高或超高的水位差。世界上最高水头的水电站，也是最高水头的有压引水式水电站是奥地利雷扎河水电站，其工作水头为1771m。我国引水隧洞最长的水电站是四川省太平驿水电站，引水隧洞的长度为10497m。

3. 混合式

在一个河段上，同时用坝和有压引水道结合起来共同集中落差的开发方式，称为混合式开发。水电站所利用的河流落差一部分由拦河坝提高，另一部分由引水建筑物来集中以增加水头，坝所形成的水库又可调节水量，所以兼有坝式开发和引水式开发的优点。

案例2.2：乙水电站拟定开发的河段位于洮河干流中游峡谷段，水能资源充沛，开发条件较优，水体含沙量低，地理位置适中，淹没损失较小，综合利用效益显著。在此背景下，试确定乙水电站布置方案（水电站类型）。

解：已知乙水电站水利枢纽为综合利用枢纽，主要是以优先解决甘肃省中部干旱地区11个县（区）城镇和农村人畜饮水及工业用水、生态环境用水、灌溉、发电等综合利用功能为目标而设计的水利枢纽工程。根据工程供水规划，该枢纽工程每年向外调水总量5.5亿m^3（其水资源配置为：城镇生活0.526亿m^3、农村生活0.682亿m^3、工业0.720亿m^3、现灌区0.401亿m^3、新灌区农业和林草3.171亿m^3），相当于洮河多年平均年径流量49.2亿m^3的11.18%；且洮河流量丰平枯特征明显，差异较大，因此乙水电站水利枢纽规划时需具备较高的调节能力，以满足综合供水要求。鉴于此，乙水电站布置方案应采用坝式水电站开发。

另外，乙水电站拟定开发的河段——洮河干流中游峡谷段，地形狭窄，河谷较窄，没有足够空间布置河床式厂房。库区有适合建坝的丰富土石料，经方案比选论证，确定乙水电站水利枢纽坝型选定为混凝土面板堆石坝，水电站开发选取大坝挡水，引水隧洞从右岸引水后水电站布置在下游河岸，水电站建筑物与坝分开，采取河岸式水电站地面厂房开发方案。

案例 2.3： 已知丙水电站拟定开发的河段属于黄河二级支流大通河干流中游的甘青交界段（河流左岸为甘肃省天祝藏族自治县，右岸为青海省互助土族自治县），流经境内的大通河水量充沛、河床比降大、落差易集中，水能资源极为丰富，试确定该水电站合理开发方式。

解： 根据 1985 年编制完成的《甘肃省湟水、大通河流域开发治理初步规划报告》，考虑淹没、上游调水量和调水工程的进展情况等因素，按照梯级开发原则，在大通河的扎龙口—连城水文站之间规划了五级电站，其中丙水电站的开发河段位于大通河金沙峡至羊脖子弯河段，河道长 12.2km，平均比降 6.97‰，该段河道右岸为 7202 公路，公路高出河床 5～8m，左右两岸均为高山，森木密布。该河段水量充沛、河床比降大、落差易集中，因此，丙水电站开发方式以引水式或混合式为主，可以排除坝式开发方案。

另外，根据 1985 年黄河水利委员会编制的《黄河主要支流规划大纲》，湟水、大通河也包含其中，主要研究综合治理和水资源的开发利用。关于大通河水力发电规划应遵循的原则是：①不考虑高坝水库的坝后开发方案；②尽可能考虑以低坝引水式开发方式为主；③工程标准不宜太高，在投产后 10 年内收回全部投资，以后上游来水减少一半仍可经济运行。

根据上述规划编制意见及开发河段地形情况，确定丙水电站采用混合式开发方案（低坝引水式开发方式），利用河道自然形成的落差和筑低坝抬高水头引水发电。最终通过方案内部比选，设计工程布置和水能规划推荐方案采用在大通河滩子村上游修建引水枢纽（坝高 27.2m），抬高大通河水位，利用河道天然水面落差 85m，再由有压隧洞（长约 6.4km，洞径 6.8m）引水至羊脖子弯发电厂房发电。丙水电站采用低坝引水混合式水电站方案后，库容较小，总库容为 260 万 m^3，工程的兴建不会对周围环境造成较大影响，符合大通河电站梯级开发的原则。

2.2　灌溉用水特点及复杂水利取水方式选择

2.2.1　灌溉水源

灌溉水源是指天然资源中可用于灌溉的水体，有地表水和地下水两种形式，其中地表水是主要形式。地表水包括河川、湖泊径流以及在汇流过程中拦蓄起来的地表径流。

地下水一般是指潜水和承压水。潜水又称浅层地下水，其补给来源主要是大气降雨，由于补给容易、埋藏较浅，便于开采，是灌溉水源之一。

2.2.2　取水方式

灌溉取水方式，由水源类型、水位和水量的状况而定。利用地表径流灌溉，可以有各种不同的取水方式，如无坝引水、有坝引水、抽水取水、水库取水等；利用地下水灌溉，则需打井或修建其他集水工程，现分述如后。

2.2.2.1 地表水取水方式

(1) 无坝引水。灌区附近河流水位、流量均能满足灌溉要求时，即可选择适宜的位置作为取水口修建进水闸引水自流灌溉，形成无坝引水。

(2) 有坝（低坝）引水。当河流水源虽较丰富，但水位较低时，可在河道上修建壅水建筑物（坝或闸），抬高水位，自流引水灌溉，形成有坝引水的方式。

(3) 抽水取水。河流水量比较丰富，但灌区位置较高，修建其他自流引水工程困难或不经济时，可就近采取抽水取水方式，这样干渠工程量小，但增加了机电设备及年运行管理费用。

(4) 水库取水。河流的流量、水位均不能满足灌溉要求时，必须在河流的适当地点修建水库进行径流调节，以解决来水和用水之间的矛盾，并综合利用河流水源。这是河流水源较常见的一种取水方式。

上述几种取水方式，除单独使用外，有时还能综合使用多种取水方式，引取多种水源，形成蓄、引、提结合的灌溉系统；即便只是水库取水方式，也在下游适当地点修建壅水坝，将水库泄入原河道的发电尾水抬高，引入渠道，以充分利用水库水量及水库与壅水坝间的区间径流。

2.2.2.2 地下水取水建筑物

由于不同地区地质、地貌和水文地质条件不同，地下水开采利用的方式和取水建筑物的形式也不相同。根据不同的开采条件，大致可分为垂直取水建筑物、水平取水建筑物和双向取水建筑物三大类。

1. 垂直取水建筑物

(1) 管井。管井是在开采利用地下水中应用最广泛的取水建筑物，它不仅适用于开采深层承压水，也是开采浅层水的有效形式。由于水井结构主要是由一系列井管组成，故称为管井。当管井穿透整个含水层时，称为完整井，穿透部分含水层时，称为非完整井。由于管井出水量较大，一般采用机械提水，故通常也称为机井。

(2) 筒井。筒井是一种大口径的取水建筑物，由于其直径较大（一般为1～2m）、形似圆筒而得名，有的地区筒井直径达到3～4m，最大者至12m，故又称为大口井。大口井多用砖石等材料衬砌，有的采用预制混凝土管作井筒。

2. 水平取水建筑物

(1) 坎儿井。坎儿井由竖井、暗渠、明渠、涝坝四部分组成。新疆吐鲁番等地人民以开挖廊道的形式，引取地下潜流，当地称这种引水廊道为坎儿井。

(2) 卧管井。卧管井即埋设在地下水较低水位以下的水平集水管道。集水管道与提水竖井相通，地下水渗入水平集水管，流到竖井，可用水泵提水灌溉。

(3) 截潜流工程。截潜流工程也称地下拦河坝。在山麓地区，有许多中小河流，由于砂砾、卵石的长期沉积，河床渗漏严重，大部分水量经地下沙石层潜伏流走，在这些河床中筑地下截水墙，拦截地下潜流，即为截潜流工程。

3. 双向取水建筑物

为了增加地下水的出水量，有时采用水平和垂直两个方向结合的取水形式，称为双向取水建筑物，辐射井即属于这种形式。在大口井动水位以下，穿透井壁，按径向沿四周含水层安设水平集水管道，以扩大井的进水面积，提高井的出水量。由于这些水平集水管呈辐射状，因而称为辐射井。

案例 2.4：某新规划 A 灌区位于山西省运城市垣曲县，种植作物主要为小麦、大秋、果树及棉花，比例分别 50%、10%、25%、15%，复播为玉米，比例为 25%。设计总灌溉面积为 7.5 万亩，其中历山片区 0.5 万亩，东垣片区 2.7 万亩，西垣片区 4.3 万亩，试确定该项目区适宜的灌溉取水方式。

解：拟规划 A 灌区灌溉面积主要位于亳清河、允西河、西阳河三条河流切割而成的东、西两个高垣之上，位置相对较高，灌溉面积较大，达到 7.5 万亩，经计算灌溉用水量为 1301 万 m^3/a。其中：冬小麦 656 万 m^3/a，棉花 113 万 m^3/a，秋粮 63 万 m^3/a，果树 281 万 m^3/a，复播 188 万 m^3/a。

先从地表水取水和地下水取水两个大类分析，根据《运城市第二次水资源评价》，垣曲县地下水可开采量为 725 万 m^3，目前实际开发利用量已超过可开采量的 50%，开采系数达到 0.64，剩余水量难以满足规划灌区 1301 万 m^3/a 的取水需求。同时，垣曲县由于受水文地质条件限制，地下水资源分布极不均匀，在河槽区及碳酸盐岩分布区，地下水较丰富；黄土丘陵区、台源区及基岩裂隙水分布区水量贫乏。故可以排除地下水取水方式。

灌区周边的地表水源主要是后河，属黄河流域允西河支流，多年平均年径流量 3089.5 万 m^3，总水量可以满足规划灌区灌溉用水和其他综合利用部门的 2493.45 万 m^3 的取水需求。但从表 2.4 可以看出，4 月、5 月、6 月、11 月来水量不能满足用水要求，需通过水利工程调节供水。另外，灌区位置高于河道后河水位，故该灌区应采用水库取水方式进行灌溉。

表 2.4　　水量平衡分析表

月份	1	2	3	4	5	6	7	8	9	10	11	12	合计
来水量/万 m^3	345.7	296.3	314.8	213	222.2	129.6	299.4	268.5	280.9	265.4	253.1	200.6	3089.5
总用水量/万 m^3	112.85	214.82	285.35	312.43	317.6	180.45	168.41	163.78	165.63	100.82	363.03	108.28	2493.45

最终 A 灌区取水方案采取后河修建水库取水方式，设计总库容为 1375 万 m^3，其中兴利库容 112 万 m^3。灌区设计三条干渠总长 50.0km，其中总干渠 20.0km，设计流量为 3.0m^3/s；东干渠 15.4km，设计流量为 1.0m^3/s；西干渠 14.6km，设计流量为 2.0m^3/s。设计支渠 12 条，总长 76.68km；干斗渠 29 条，总长 32.68km；斗渠 191 条，总长 214km。

该案例分析中根据项目所在区域水资源条件，从保护生态环境、保障区域水环境和社会经济的可持续发展等方面考虑，遵循“先地表水、再地下水”的取水水源选择原则，确定本项目灌溉水源为后河水库地表水，符合当地水资源总体规划的要求，满足当地用水总量控制、用水效率控制等水资源管理的要求，符合当地地下水保护、生态环境保护等有关要求。

2.3　其他水利部门用水特点及复杂水利用水矛盾协调

2.3.1　防洪

防洪的主要任务是：按照规定的防洪标准，因地制宜地采用恰当的工程措施，以削减洪峰流量，或加大河床的过水能力，保证安全度汛。防洪措施主要可分为工程措施和非工程措施，且需构建必要的防洪保障体系。

1. 工程措施

（1）筑堤防洪。筑堤是平原地区为了扩大洪水河床、加大泄洪能力、防护两岸免受洪灾行之有效的措施。

（2）疏浚与整治河道。疏浚与整治河道的目的是拓宽和浚深河槽、裁弯取直，消除阻碍水流的障碍物等，以使洪水河床平顺通畅，从而加大泄洪能力。疏浚是用人力、机械和爆破来进行作业，整治则是修建整治建筑物来影响水流流态，二者常相互配合使用。

（3）分洪、滞洪与蓄洪。这三者目的都是减少某一河段的洪水流量，使其控制在河床安全泄量以下。分洪是在过水能力不足的河段上游的适当地点，修建分洪闸，开挖分洪水道（又称减河），将超过本河段安全泄量的部分洪水引走，以减轻本河段的泄洪负担。滞洪是利用水库、湖泊、洼地等，暂时滞留一部分洪水，以削减洪峰流量，洪峰一过，即将滞留的洪水放归原河下泄，以腾空蓄水容积迎接下次洪峰。蓄洪则是蓄留一部分或全部洪水，待枯水期时供兴利使用，也同样起到削减洪峰流量的作用。

2. 非工程措施

（1）水土保持。水土保持是一种针对高原及山丘区水土流失现象而采取的根本性治山治水措施，它对减少水土流失和洪水灾害很有帮助。具体措施有：植树种草，封山育林；修筑梯田，采用免耕或少耕技术；修建塘坝、淤地坝、小型水库等拦沙蓄水工程等。

（2）建立洪水预报和报警系统。设立预报和报警系统，是防御洪水、减少洪灾损失的前哨工作。根据预报可在洪水来临前疏散人口、财物，作好抗洪抢险准备，以避免或减少重大的洪灾损失。

（3）洪水保险。洪水保险不能减少洪水泛滥而造成的损失，但可将可能的一次性大洪水损失转化为平时缴纳保险金，从而减缓因洪灾引起的经济波动和社会不安等现象。

（4）抗洪抢险。抗洪抢险也是为了减轻洪泛区灾害损失的一种防洪措施。其中包括洪水来临前采用的紧急措施，洪水期中险工抢修和堤防监护，洪水后的清理和救灾等善后工作。

（5）修建村台、躲水楼、安全台等设施。在低洼的居民区修建村台、躲水楼、安全台等设施，作为居民临时躲水的安全场所，从而保证人身安全和财物安全。

（6）蓄（滞）洪区的土地合理利用。根据自然条件，对蓄（滞）洪区的土地、产业结构、人民生活居住条件进行全面规划，合理布局，不仅可以直接减轻当地的洪灾损失，而且可取得行洪通畅、减缓下游洪水灾害之利。

3. 现代防洪保障体系

（1）做好全流域防洪规划，加强防洪工程建设。

（2）做好防洪预报调度，充分发挥现有防洪措施的作用。

（3）重视水土保持等生态措施，加强生态环境治理。

（4）重视洪灾保险及社会保障体系的建设。

（5）加强防洪法治建设。

（6）加强宣传教育，提高全民环境意识及防洪减灾意识。

总之，防治江河洪水，应当蓄泄兼施，充分发挥河道行洪能力和水库、洼淀、湖泊调蓄洪水的功能，加强河道防护，因地制宜地采取定期清淤疏浚等措施，保持行洪畅通。防治江河洪水，应当保护、扩大流域林草植被，涵养水源，加强流域水土保持综合治理。

2.3.2　治涝

治涝的任务是尽量阻止易涝地区以外的山洪、坡水等向本区汇集，并防御外河、外湖洪水倒灌；健全排水系统，及时排除设计暴雨范围以内的雨水，并及时降低地下水位。治涝标准通常表示为：暴雨频率小于等于某一标准值则不成涝灾，这一标准由国家统一规定。治涝主要有以下工程措施。

1. 修筑围堤和堵支联圩

修筑围堤用以防护洼地，以免外水入侵，所圈围的低洼田地称为圩或垸。有些地区，圩、垸划分过小，港汊交错，围堤重叠，不利于防汛，排涝能力也分散薄弱，在这种情况下，最好将分散的小圩合并成大圩，堵塞小沟支汊，整修和加固外围大堤，并整理排水渠系，以加强防汛排涝能力，称为堵支联圩。

2. 开渠撇洪

开渠撇洪即沿山麓开渠，拦截地面径流，引入外河、外湖或水库，不使向圩区汇集。若与修筑围堤相配合，常可收到良好的效果。并且，撇洪入水库，可以扩大水库水源，有利于提高兴利部门的效益。当条件合适时，还可以和灌溉措施中的“长藤结瓜水利系统”以及水力发电的“集水网道式开发方式”结合进行。

3. 整修排水系统

整修排水系统包括排水沟渠和排水闸，必要时还包括机电排涝泵站。排水干渠可以作为航运水道，排涝泵站有时也可兼作灌溉提水泵站使用。

2.3.3　城市和工业供水

城市和工业供水的用水途径主要包括：居民日常生活用水，如饮用、洗涤、宅院绿化等用水；市政公共用水，如商业、服务业、学校、医院、消防、城镇绿化、街道喷洒、清除垃圾、市区河湖补水和城郊商品菜田用水等；工业用水，主要为冷却、洗涤、调温和调节湿度等用水。城市和工业供水应满足其各自用水特点的水量、水质和水压要求。

城市和工业供水系统分为取水、输水、水处理和配水四个部分。取用地下水多用管井、大口井、辐射井和渗渠。取用地表水可修建固定式取水建筑物，如岸边式或河床式取水建筑物；也可采用活动的浮船式和缆车式取水建筑物。水由取水建筑物经输水管道送入水处理厂。水处理包括澄清、消毒、除臭和除味、除铁、软化；工业循环用水常需进行冷却，海水和咸水还需淡化或除盐。处理后合乎水质标准的水经配水管网送往用户。

2.3.4　内河航运

内河航运与其他运输方式相比，具有土地资源占用少、能源消耗少、环境影响小等优势。根据《内河通航标准》(GB 50139—2022),将内河航道按可通航的船舶的吨级划分为7级,见表2.5。具体航道设计遵循以下标准要求。

(1) 天然和渠化河流航道水深应根据航道条件和运输要求通过技术经济论证确定。对枯水期较长或运输繁忙的航道,应采用表2.5所列航道水深幅度的上限;对整治比较困难的航道,可采用表2.5列航道水深幅度的下限,但在水位接近设计最低通航水位时船舶应减载航行。当航道底部为石质河床时,水深值应增加0.1~0.2m。

表2.5　　航道等级划分

航道等级	Ⅰ	Ⅱ	Ⅲ	Ⅳ	Ⅴ	Ⅵ	Ⅶ
船舶吨级/t	3000	2000	1000	500	300	100	50
水深要求/m	3.5~4.0	2.6~3.0	2.0~2.4	1.6~1.9	1.3~1.6	1.0~1.2	0.7~0.9

注　船舶吨级按船舶设计载重确定;通航3000t级以上船舶的航道列入Ⅰ级航道。

(2) 内河航道的线数应根据运输要求、航道条件和投资效益分析确定。除整治特别困难的局部河段可采用单线航道外,均应采用双线航道。当双线航道不能满足要求时,应采用三线或三线以上航道,其宽度应根据船舶通航要求研究确定。

(3) 内河航道弯曲段的宽度应在直线段航道宽度的根底上加宽,其加宽值可通过分析计算或试验研究确定。

(4) 内河航道的最小弯曲半径,宜采用顶推船队长度的3倍或货船长度、拖带船队最大单船长度的4倍。在特殊困难河段,航道最小弯曲半径不能到达上述要求时,在宽度加大和驾驶通视均能满足需要的前提下,弯曲半径可适当减小,但不得小于顶推船队长度的2倍或货船长度、拖带船队最大单船长度的3倍。流速3m/s以上、水势汹乱的山区性河流航道,其最小弯曲半径宜采用顶推船队长度或货船长度的5倍。

(5) 限制性航道的断面系数不应小于6,流速较大的航道不应小于7。内河航道中的流速、流态和比降等水流条件应满足设计船舶或船队平安航行的要求。

2.3.5 用水矛盾协调

水是生命之源、生产之要、生态之基,水资源是一种储量有限、时空分布不均匀的特殊资源,它对人类的生存和发展来讲既不可或缺又无以替代。所以,对于水资源的利用,须做到水资源开发利用的综合性和永续性,也就是人们常说的:水资源的综合利用和水资源的可持续利用。

一般而言,在许多水利工程中,常可实现水资源的综合利用。然而,各水利部门之间,也还存在一些矛盾。例如,上中游灌溉和工业大量耗水,则下游灌溉和生态用水就可能不够。许多水库常是良好的航道,但多沙河流上的水库,上游末端常可能淤积大量泥沙,形成新的浅滩,不利于上游航运。利用水电站的水库滞洪,有时汛期要求腾空库容,以备拦洪,但却降低了水电站的水头,使所发电能减少。为了发电、灌溉等需要拦河筑坝,常会阻碍船、筏、鱼通行等。可见,不但兴利、除害之间存在矛盾,在各兴利部门之间也常存在矛盾,若不能妥善解决,常会造成不应有的损失。

上述矛盾,有些是可以协调的,应统筹兼顾、"先用后耗",力争"一水多用、一库多利"。例如,水库上游末端新生的浅滩妨碍航运,有时可以通过疏浚航道,或者洪水期降低水库水位，借水力冲沙等方法解决。又如，发电与灌溉争水，有时可以先取水发电，发过电的尾水再用来灌溉。

要实现水资源的灌溉、发电、航运、供水、水产、旅游等多种用途和功能，应从以下几个方面考虑水资源的综合利用的要求。

(1) 要从功能和用途方面考虑综合利用。

(2) 单项工程的综合利用。例如，典型水利工程，几乎都是综合利用水利工程。水利工程要实现综合利用，必须有不同功能的建筑物，这些建筑物群体就像一个枢纽，故称为水利枢纽。

(3) 一个流域或一个地区，水资源的利用也应讲求综合利用。

(4) 从水资源重复利用的角度体现一水多用的思想。例如，水电站发电以后的水放到河道可供航运，引到农田可供灌溉等。

案例 2.5：洮河是黄河上游右岸的第一大一级支流，发源于青海省黄南藏族自治州河南蒙古族自治县西倾山东麓，源地海拔高程 4260m，由西向东在甘肃省岷县境内折向北流，止于永靖县汇入黄河刘家峡水库，全长 673km，流域面积 25527km^2。洮河上中游水量资源和水能资源都较为丰富，泥沙含量少、水质较好；流经陇西黄土高原时裹挟了大量泥沙，较为浑浊，致使刘家峡库容淤积量较大。试以 2005 年为现状年、2020 年为规划水平年，提出洮河水资源综合利用方案，并协调其汇入口刘家峡库区泥沙淤积矛盾。

解：(1) 流域水资源整体开发利用方案。洮河水资源和水力资源较为丰富，主要集中在干流上，源地海拔高程 4260m，河口处高程 1735m，河口处多年平均流量为 156m^3/s（相当于年径流量 49.2 亿 m^3），干流（计算）总落差 2192m，干支流水力资源理论蕴藏电量为 167.16 亿 kW·h，技术可开发量为 32.05 亿 kW·h（687.7MW），截至 2005 年已、正开发量仅占技术可开发量的 15.04%，开发利用程度很低（主要为小水电站开发），有较广阔的发展前景。根据全国水力资源复查工作要求，对洮河干流段诸梯级开发方式进行了研究论证，洮河干流上共规划有 22 个梯级电站，总装机容量 618.7MW，年总发电量 28.74 亿 kW·h。目前已（在）建电站 7 座，总装机容量 85.2MW，年总发电量 4.84 亿 kW·h，分别为峡村水电站（合作市，装机 5.6MW）、独山子水电站（临潭县，装机 1.6MW）、多架山水电站（卓尼县，装机 7.5MW）、青石山水电站（临潭县，装机 12MW）、刘家浪水电站（岷县，装机 8MW）、古城水电站（岷县，装机 25.5MW）、三甲水电站（临洮县，装机 25MW）。

(2) 骨干综合利用水利枢纽工程规划。洮河干流中游峡谷段开发条件较优，水量充沛，含沙量低，地理位置适中，淹没损失较小，综合利用效益显著，是开发洮河水资源和水能资源的最佳河段，可以在此位置规划开发一座大型综合利用水利枢纽（以下用 A 水利枢纽表示），优先满足甘肃省中部干旱地区 11 个国家重点扶持县城镇和农村人畜饮水及工业用水、生态环境用水、灌溉、发电等综合利用功能。

(3) 骨干工程生活、工业、农业供水规划。甘肃省中部地区干旱缺水，生态环境脆弱，农牧业生产条件很差，群众生活贫困，人畜饮水十分困难，是全国著名的贫困地区，水资源紧缺是制约该地区经济和社会发展的主要因素。洮河水资源丰富，多年平均年径流量为38.25亿m^3（A水利枢纽处），目前全流域开发利用程度较低，水资源和水力资源开发利用的潜力很大，兴建A水利枢纽，可以抬高水位，并形成年调节水库，从而为甘肃省中部地区自流引水创造条件。规划年引水量5.5亿m^3（其水资源配置为：城镇生活0.526亿m^3、农村生活0.682亿m^3、工业0.720亿m^3、现灌区0.401亿m^3、新灌区农业和林草3.171亿m^3），可解决和改善甘肃省中部11个国家重点扶持县353万人、415万头牲畜的饮水困难以及定西、会宁、通渭、静宁、陇西、秦安等县城及几十个城镇的供水、生态环境用水问题，2020年可发展灌溉面积106.5万亩[1]（其中新发展灌溉面积90万亩，改善现有灌溉面积16.5万亩）。

（4）骨干水电站规划。近年来，随着甘肃工业生产的迅速发展和人民生活水平的提高，电力负荷增长很快，供需矛盾突出，因甘肃省自筹资金能力较差，使电源建设开工不足，造成了1994—1997年的严重限电局面，电网常年限电运行。根据《甘肃省电力工业"十五"发展规划》报告及《2020年远景规划报告》，到2020年完成大中型水电站14项，总装机容量6772.5MW；建设大型火电站11项，总装机容量13200MW。A水利枢纽装机容量300MW，年发电量10.017亿kW·h，年利用小时数3339h，属于年调节水库，具有一定的调峰、调频能力，供电质量好，电站在甘肃电网中担任部分峰、腰荷位置。A水利枢纽水电站的投入，对缓解甘肃电网电力供应紧张局面，满足洮河沿岸各县工农业生产发展和居民日常生活用电，推动及加快沿岸各县农村电气化的进程，从而促进农村以电代柴、以电代煤、保护森林资源和改善生态环境起到很好的作用。

（5）供水保证率及水电站保证率。A水利枢纽供水工程总干渠年引用水量（5.5亿m^3）占洮河天然年来水量（38.25亿m^3）比重相对较小，约为14.38%，即使在特枯年份，也可全部满足。根据供水工程规划，生活及工业供水设计保证率为90%，农业灌溉设计保证率为75%。

参照《水电工程动能设计规范》（NB/T 35061—2015），根据甘肃电力系统负荷特性、系统中水电比重及电站的调节性能等因素综合考虑，A水利枢纽建成后，将联入甘肃电网运行，主要供电对象为兰州电网，故水电站采用与黄河干流上已（在）建诸梯级电站相同的设计保证率，A水利枢纽工程发电设计保证率采用90%。

（6）电力联合补偿调节。鉴于黄河干流上游已建梯级水库电站调节库容大（如龙羊峡水库电站有效库容193.5亿m^3，为多年调节水库；刘家峡水库电站有效库容41.5亿m^3，为年调节水库），可对黄河一级支流洮河上的梯级水库电站进行联合补偿调节（一部分是径流补偿，一部分是库容补偿），以提高系统水电站群总保证出力和A水利枢纽的保证出力。联合补偿调节后，A水利枢纽设计保证率可由90%提高到92.7%，其部分重复容量可转化为工作容量，部分季节性电能转化为保证电能。

（7）洮河汇流口刘家峡库区泥沙淤积问题协调。刘家峡水电站的泥沙问题主要是由

[1] 1亩≈666.67m^2。

洮河泥沙引起的。洮河在刘家峡大坝上游 1.5km 处汇入黄河干流。洮河多年平均入库沙量 2860 万 t，占总入库沙量的 31%。因此，刘家峡库区洮河段泥沙淤积严重，洮河库段死库容于 1978 年淤满以后，其来沙除淤损有效库容外，还大量淤积在坝前，并在洮河口黄河干流形成沙坎，导致坝前淤积面逐年淤高、沙坎阻水、机组磨损及冷却水堵塞、泄水闸门淤堵等影响安全发电和安全度汛的问题越来越突出。协调和缓解刘家峡水库泥沙淤积问题有以下途径。

1）洮河汛期异重流排沙。刘家峡水电厂从 1974 年开始进行异重流排沙，到 2000 年年底共排沙 2.41 亿 t，占洮河来沙量的 1/3。

2）降低库水位拉沙。为了缓解洮河口沙坎的升高和坝前淤积的严重形势，先后于 1981 年、1984 年、1985 年、1988 年分别进行了降低库水位拉沙，4 次共拉沙 0.33 亿 t，缓解了洮河口沙坎和坝前的淤积。但拉沙每次都要造成大量的水量损失，拉沙期间过机沙量增加机组磨损严重。而且降低水位后，水库回蓄需要大量补水，关系整个梯级水库及电网的调度等复杂问题。

3）水土保持是解决泥沙问题的根本措施。洮河流域中下游地处黄土高原干旱区，沟壑遍布，植被很差，其流域面积占总流域面积的 21.2%，而来沙量却占 81.1%，平均侵蚀模数高达 4200t/（km^2 · a）。要彻底解决洮河的泥沙问题，就要持续做好水土保持工作，可以通过在上游修建骨干调蓄工程，壅高水位，引水上山，植树种草，发展林下经济，改善植被状况。

4）洮河流域梯级水电站的修建预留死库容沉淀泥沙。刘家峡水库泥沙淤积的产生与三峡水库较为相似，三峡库区的泥沙量大部分都来自上游金沙江（该河段水色发黄，含沙量多，故名金沙江）。金沙江建库后，水库群每年可拦沙 1.92 亿 t，提前为三峡水库分担了"主要沙源"，极大地减少了入库沙量。尤其是在 2012—2013 年，溪洛渡和向家坝两水库相继运行，拦沙效应极为显著，运行后的前 4 年内，三峡库区的年均入库泥沙骤减至 0.59 亿 t。2020 年，新建的乌东德水电站已经开始蓄水，白鹤滩水电站也将在 2022 年完工。有了这两座重量级水利工程的助力，相信三峡库区的泥沙将会迎刃而解。同样，随着黄河支流洮河流域梯级水电站建设，进入刘家峡水库泥沙也将必然减少。

5）增建洮河口排沙洞。由于洮河峡谷的特殊地形条件，洮河异重流极易运动到坝前，为坝前的异重流排沙提供了有利条件，但异重流也把大量泥沙带到坝前，除增加坝前段淤积外，使过机沙量也增加，对电站安全生产十分不利。从长远考虑，在洮河口增设排沙洞，使洮河异重流一出洮河口就直接排向下游，从而减少坝前淤积和过机沙量，并可冲刷降低沙坎高程，保持和部分恢复水库调节库容。

第3章 水库兴利调节中的复杂计算问题

内容导读：水库兴利调节及计算是“水利水能规划”的三大调节计算之一，其主要目的是确定水库的兴利库容和正常蓄水位，为水库的规划设计提供依据。本章包括以下复杂水利计算问题：水库特性曲线绘制，水库兴利设计保证率确定，水库的水量损失计算，水库设计死水位的选择，年调节水库兴利调节计算。

教学目标及要求：通过本章的教学，要求学生掌握水库的特性曲线绘制方法，具备选择水库兴利设计保证率的基本能力；能够准确计算水库水量损失；掌握水库兴利调节计算方法及兴利库容的求解。

3.1 水库特性曲线及特征水位

3.1.1 水库的特性曲线

在河流上拦河筑坝形成人工的用来进行径流调节的水池就是水库。一般地说，坝筑得越高，水库的容积（简称库容）就越大。但在不同的河流上，即使坝高相同，其库容也很不相同。因此，为了定量表示水库的形体特征，引入了水位-水面面积关系（$Z-F$ 曲线）和水位-库容关系（$Z-V$ 曲线）。在设计水库时，必须先作出水位-水面面积以及水位-库容关系曲线，这两者是最主要的水库特性资料。

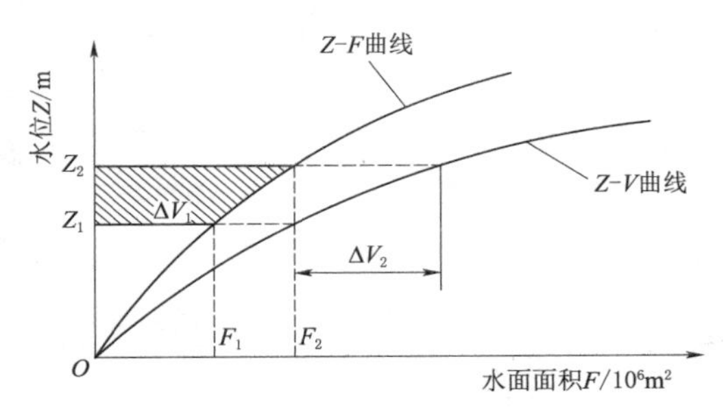

图 3.1 水库特性曲线

1. $Z-F$ 曲线的绘制

在库区地形图上可用求积仪或按比例尺数方格方法，量出不同高程的等高线与坝轴线围成的面积。以水位为纵坐标，面积为横坐标，绘成水位-面积曲线。如图 3.1 中的 $Z-F$ 曲线。

2. $Z-V$ 曲线的绘制

水库的水位-库容曲线，实际是水位面积曲线的积分曲线。可用式（3.1）表示：

$$\overline{V}=\int_{Z_0}^{Z_1}F\mathrm{d}Z \tag{3.1}$$

在实际工作中常用有限差公式求出：

$$V=\sum_{i=1}^{n}\Delta V_i \tag{3.2}$$

$$\Delta V_i=\overline{F_i}\Delta Z;\overline{F_i}=\frac{1}{2}(F_i+F_{i+1}) \tag{3.3}$$

$$\overline{F_i}=\frac{1}{3}(F_i+\sqrt{F_iF_{i+1}}+F_{i+1}) \tag{3.4}$$

式中　F——水位 Z 处水面面积，万 m^2；

ΔZ——水位高差，或称为分层库容高度，m；

ΔV_i——水位 Z_i 和水位 Z_{i+1} 之间的库容，万 m^3；

V——水位 Z 以下的总库容，万 m^3；

F_i、F_{i+1}——分层库容的上、下水面面积，万 m^2。

案例 3.1：某水库工程是一座以城市供水为主，兼顾农村人畜和灌溉用水的综合性中型水利工程。在 2015 年实测库区 1：2000 地形图基础上，根据砂砾石坝库区开挖量及坝体所占库容体积，量算出水库下坝址各水位处的水面面积大小，见表 3.1。初始高程 $Z=4178$m，$V=0.065$ 万 m^3。试根据测量数据计算各水位处的累积库容，并勾绘坝址处水位-水面面积-库容曲线。

表 3.1　　水库下坝址各水位处水面面积值

水位 Z /m	水面面积 F /万 m^2	水位 Z /m	水面面积 F /万 m^2	水位 Z /m	水面面积 F /万 m^2
4178	0.09	4199	19.22	4220	42.32
4179	0.15	4200	20.17	4221	43.49
4180	0.21	4201	21.06	4222	44.68
4181	0.37	4202	22.05	4223	45.77
4182	2.45	4203	23.22	4224	46.87
4183	2.94	4204	24.22	4225	48.13
4184	6.69	4205	25.26	4226	49.21
4185	7.25	4206	26.45	4227	50.38
4186	7.82	4207	27.6	4228	51.91
4187	8.47	4208	28.74	4229	53.32
4188	9.12	4209	29.92	4230	54.69
4189	9.78	4210	31.03	4231	56.03
4190	10.49	4211	32.16	4232	57.56
4191	11.33	4212	33.26	4233	58.99
4192	12.2	4213	34.42	4234	60.26
4193	13.27	4214	35.62	4235	61.54
4194	14.29	4215	36.69	4236	62.87
4195	15.32	4216	37.72	4237	64.15
4196	16.34	4217	38.79	4238	65.58
4197	17.31	4218	39.86		
4198	18.28	4219	41.11		

解： 由表3.1可知，分层水位差值ΔZ为1m，利用库容计算公式$\Delta V_i=\overline{F}_i\Delta Z$和水面面积计算公式$\overline{F}_i=\frac{1}{3}(F_i+\sqrt{F_iF_{i+1}}+F_{i+1})$求出各层容积后，自下而上逐层累加，即得出各水位的相应库容，计算结果见表3.2。

表3.2　水库下坝址各水位处库容计算表

水位/m	水面面积/万m^2	高差/m	平均水面面积/万m^2	分层库容/万m^3	累积库容/万m^3
(1)	(2)	(3)	(4)	(5)	(6)
4178	0.09			0.065	0.065
4179	0.15	1	0.119	0.119	0.184
4180	0.21	1	0.179	0.179	0.363
4181	0.37	1	0.286	0.286	0.649
4182	2.45	1	1.257	1.257	1.906
4183	2.94	1	2.691	2.691	4.598
4184	6.69	1	4.688	4.688	9.286
4185	7.25	1	6.968	6.968	16.254
4186	7.82	1	7.533	7.533	23.787
4187	8.47	1	8.143	8.143	31.930
4188	9.12	1	8.793	8.793	40.723
4189	9.78	1	9.448	9.448	50.171
4190	10.49	1	10.133	10.133	60.304
4191	11.33	1	10.907	10.907	71.211
4192	12.2	1	11.762	11.762	82.974
4193	13.27	1	12.731	12.731	95.705
4194	14.29	1	13.777	13.777	109.482
4195	15.32	1	14.802	14.802	124.284
4196	16.34	1	15.827	15.827	140.111
4197	17.31	1	16.823	16.823	156.934
4198	18.28	1	17.793	17.793	174.727
4199	19.22	1	18.748	18.748	193.475
4200	20.17	1	19.693	19.693	213.168
4201	21.06	1	20.613	20.613	233.781
4202	22.05	1	21.553	21.553	255.334
4203	23.22	1	22.632	22.632	277.966
4204	24.22	1	23.718	23.718	301.685
4205	25.26	1	24.738	24.738	326.423
4206	26.45	1	25.853	25.853	352.276

续表

水位 /m	水面面积 /万 m^2	高差 /m	平均水面面积 /万 m^2	分层库容 /万 m^3	累积库容 /万 m^3
4207	27.6	1	27.023	27.023	379.299
4208	28.74	1	28.168	28.168	407.467
4209	29.92	1	29.328	29.328	436.795
4210	31.03	1	30.473	30.473	467.268
4211	32.16	1	31.593	31.593	498.861
4212	33.26	1	32.708	32.708	531.570
4213	34.42	1	33.838	33.838	565.408
4214	35.62	1	35.018	35.018	600.426
4215	36.69	1	36.154	36.154	636.581
4216	37.72	1	37.204	37.204	673.784
4217	38.79	1	38.254	38.254	712.038
4218	39.86	1	39.324	39.324	751.362
4219	41.11	1	40.483	40.483	791.845
4220	42.32	1	41.714	41.714	833.559
4221	43.49	1	42.904	42.904	876.463
4222	44.68	1	44.084	44.084	920.546
4223	45.77	1	45.224	45.224	965.770
4224	46.87	1	46.319	46.319	1012.089
4225	48.13	1	47.499	47.499	1059.588
4226	49.21	1	48.669	48.669	1108.256
4227	50.38	1	49.794	49.794	1158.050
4228	51.91	1	51.143	51.143	1209.193
4229	53.32	1	52.613	52.613	1261.806
4230	54.69	1	54.004	54.004	1315.810
4231	56.03	1	55.359	55.359	1371.169
4232	57.56	1	56.793	56.793	1427.962
4233	58.99	1	58.274	58.274	1486.236
4234	60.26	1	59.624	59.624	1545.860
4235	61.54	1	60.899	60.899	1606.759
4236	62.87	1	62.204	62.204	1668.963
4237	64.15	1	63.509	63.509	1732.471
4238	65.58	1	64.864	64.864	1797.335

根据表 3.2 计算结果，采用（1）、（2）列数据绘制水位-水面面积曲线，（1）、（6）列数据绘制水位-库容曲线。具体见图 3.2 所示。

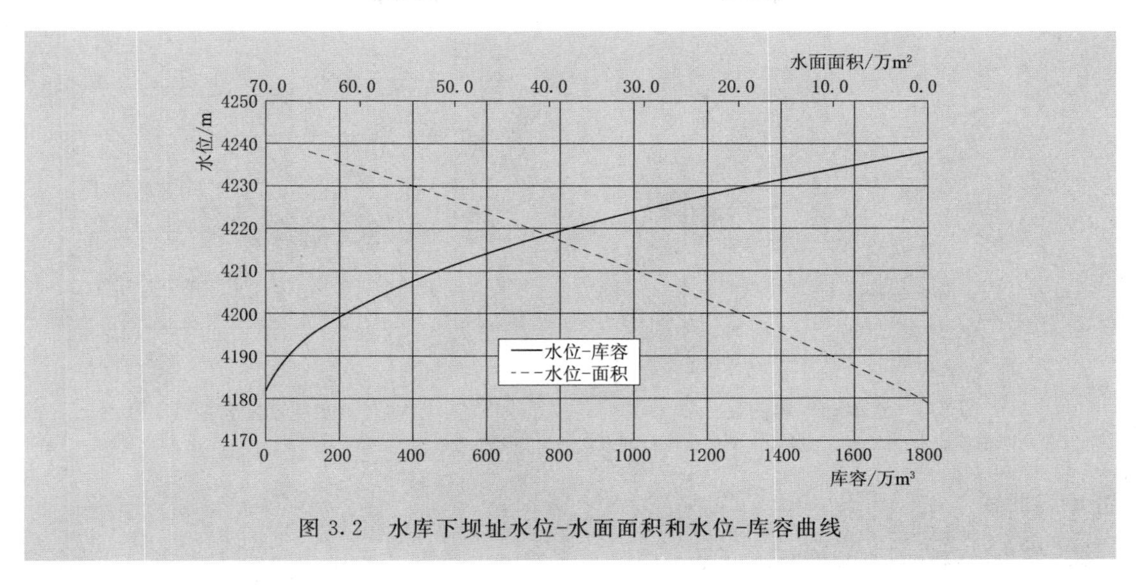

图 3.2 水库下坝址水位-水面面积和水位-库容曲线

3.1.2 动库容特性曲线

前面讨论的特性曲线均建立在假定入库流量为 0 时，水面是水平的基础上。这种库容称为静水库容（或静库容）。

由于水库随时都有流量汇入（汛期尤为如此），水库沿程各个过水断面都具有一定的流速，即有一定的水力坡度，因而形成了以坝前水位为起点沿程向上的壅水曲线，即回水曲线。如图 3.3 所示。回水曲线与坝前水位水平面间的容积称为楔形蓄量，它与坝前水位下的静库容之和，总称为动库容。

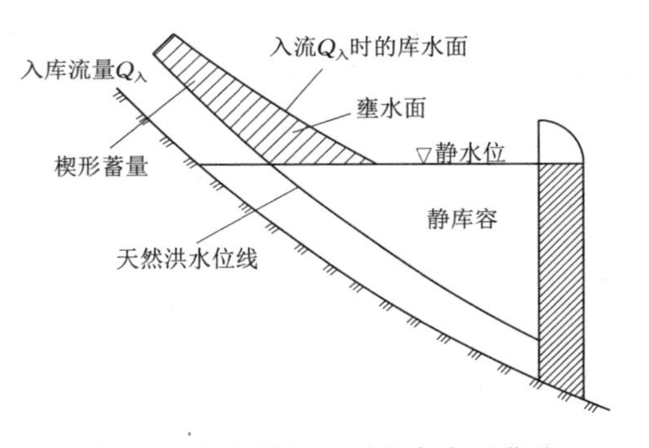

图 3.3 有流量汇入时水库水面曲线

当确定水库回水淹没和浸没的范围，或作库区洪水流量演进计算时，或当动库容数值占调洪库容比重较大时，必须考虑动库容的影响。

动库容曲线的绘制步骤如下。

（1）假定一个入库流量 Q_1 和一组坝前水位，然后根据水力学公式，求出一组以某一入库流量为参数的水面曲线。

（2）将水库全长分为若干段（图 3.4），在每段水库中求出相应于每一回水曲线的平均水位，根据每段平均水位的位置定出该段相应的水面面积，求出不同回水曲线每段的库容。

（3）将各段水库库容相加，即得以某一入库流量为参数的总的动库容曲线。

（4）假定不同的入库流量 Q_2、Q_3…按步骤（1）～（3）计算，分别求得不同的入库流量为参数的水库动库容曲线（图 3.5）。

由动库容曲线可知，坝前水位不变时，入库流量越大，则动库容总值也越大。应该指出动库容曲线的计算需要的资料较多，比较麻烦，为了简便起见，一般的调节计算仍采用

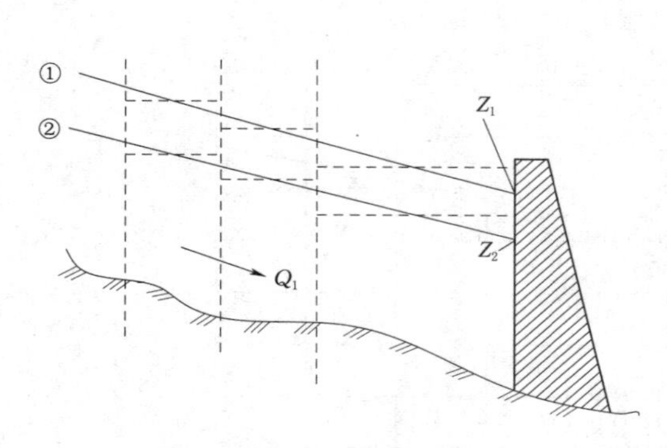

图 3.4　水库动库容曲线计算
①、②—两个坝前水位 Z_1、Z_2 通过某个流量时的回水曲线

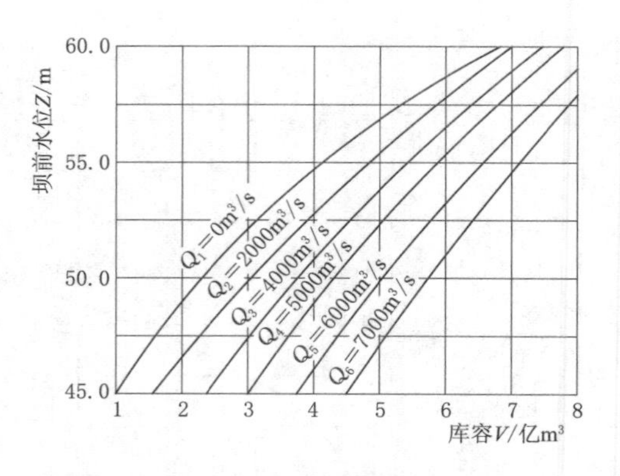

图 3.5　水库动库容曲线

静库容曲线。

案例 3.2：某水利枢纽水库是一座以蓄水发电、城市和农村生活供水为主，兼顾灌溉和生态用水的综合性大型水利工程。试绘制该水库的动库容曲线。

解：(1) 静水库容曲线绘制。在实测库区 1：2000 地形图基础上，按照案例 3.1 的方法可计算出水库 $Z-F$，$Z-V$ 的数据表，见表 3.3。

表 3.3　　某水库静库容曲线计算表

水位/m	高差	水面面积/万 m²	平均水面面积/万 m²	分层库容/万 m³	累积库容/万 m³
2090	0	0.00			0.00
2095	5	10.20	3.40	17.00	17.00
2105	10	77.30	38.53	385.27	402.27
2115	10	184.40	127.03	1270.30	1672.57
2125	10	304.60	242.00	2419.99	4092.56
2135	10	445.90	373.01	3730.13	7822.69
2145	10	600.60	521.33	5213.34	13036.03
2155	10	769.90	683.50	6835.00	19871.03
2165	10	983.40	874.48	8744.75	28615.78
2175	10	1257.90	1117.84	11178.38	39794.17
2185	10	1587.40	1419.46	14194.59	53988.76
2195	10	1989.30	1784.57	17845.75	71834.51
2205	10	2481.50	2230.87	22308.71	94143.22
2215	10	2833.79	2655.70	26556.96	120700.18
2225	10	3299.19	3063.54	30635.40	151335.58
2235	10	3800.49	3546.88	35468.84	186804.42

(2) 回水计算。根据《水电工程水库淹没处理规划设计规范》(DL/T 5064—2007) 要求，水库蓄水后，河道水位壅高，须计算水面回水曲线以估算库区造成的淹没损失。本工程回水计算采用恒定非均匀流量方程计算。

1）库区横断面施测：根据库区地形，共设计42个断面，计算长度63.52km。

2）糙率n值的确定：水库蓄水后，由于泥沙淤积，河床细化，相应糙率比天然情况小。选取坝前段$n=0.025$；库中段$n=0.03$；三角洲顶坡段$n=0.035$；天然河道糙率采用同级调查洪水反算糙率。

3）按规范要求、回水流量计算标准采用下列值：

$Q_0=121.3\text{m}^3/\text{s}$（多年平均流量）

$Q_1=1020\text{m}^3/\text{s}$（$P=20\%$，土地征用标准）

$Q_2=1720\text{m}^3/\text{s}$（$P=5\%$，人口迁移标准）

4）天然水面线采用1978年9月7日调查值（$Q=1500\text{m}^3/\text{s}$，断面1～12号），平水水面线为1989年8月3日12时实测的同时水面线（$Q=216\text{m}^3/\text{s}$）。

（3）回水计算成果。水库水面线（多年平均流量、$P=20\%$及$P=5\%$）推算和回水计算由数学模型一次性输出，计算结果见表3.4。

表3.4　　不同坝前水位及特征流量下回水计算表

断面序号	断面间距/m	距坝里程/km	深泓点高程[①]/m	$Q=121.3\text{m}^3/\text{s}$		$Q=1020\text{m}^3/\text{s}$		$Q=1720\text{m}^3/\text{s}$	
				水位/m	回水位/m	水位/m	回水位/m	水位/m	回水位/m
1	0	0	2087.14	2088.50	2202.00	2099.25	2199.00	2101.85	2199.00
2	1540	1.54	2095.17	2096.72	2202.00	2100.13	2199.00	2102.50	2199.00
3	1590	3.13	2096.70	2099.03	2202.00	2102.25	2199.00	2103.61	2199.00
4	1450	4.58	2100.37	2102.80	2202.00	2106.19	2199.00	2107.50	2199.00
5	1680	6.26	2104.51	2106.16	2202.00	2109.19	2199.00	2110.57	2199.00
6	2450	8.71	2109.13	2110.86	2202.00	2114.03	2199.00	2115.26	2199.00
7	3000	11.71	2114.46	2116.64	2202.00	2119.72	2199.00	2121.12	2199.00
8	1780	13.49	2118.40	2120.12	2202.00	2123.01	2199.00	2124.32	2199.00
9	1490	14.98	2122.30	2124.56	2202.00	2127.84	2199.00	2129.38	2199.00
10	2230	17.21	2128.15	2130.14	2202.00	2133.22	2199.00	2134.66	2199.00
11	3420	20.63	2136.97	2138.66	2202.01	2141.41	2199.01	2142.77	2199.01
12	2230	22.86	2140.42	2143.03	2202.01	2146.82	2199.01	2148.45	2199.01
13	4890	27.75	2153.21	2154.43	2202.01	2156.61	2199.01	2157.72	2199.01
14	2180	29.93	2157.83	2159.49	2202.01	2162.19	2199.01	2163.79	2199.01
15	1770	31.7	2162.39	2164.93	2202.01	2168.20	2199.01	2170.11	2199.01
16	1970	33.67	2166.92	2168.43	2202.01	2170.75	2199.01	2172.00	2199.01
17	2040	35.71	2171.56	2173.04	2202.01	2175.60	2199.01	2176.68	2199.03
18	3850	39.56	2178.68	2180.19	2202.01	2182.51	2199.04	2183.67	2199.11
19	1980	41.54	2182.91	2184.29	2202.01	2186.57	2199.42	2187.64	2199.93
20	3070	44.61	2188.93	2190.56	2202.02	2192.84	2200.79	2193.82	2201.72
21	1600	46.21	2191.96	2193.32	2202.03	2195.27	2201.85	2196.13	2202.85
22	2970	49.18	2197.98	2199.00	2202.10	2200.65	2203.35	2201.65	2204.31
23	1120	50.3	2200.10	2201.49	2202.79	2203.14	2204.39	2203.87	2205.16
24	318	50.62	2200.80	2202.10	2202.97	2204.21	2205.11	2205.34	2206.14

续表

断面序号	断面间距/m	距坝里程/km	深泓点高程①/m	$Q=121.3m^3/s$		$Q=1020m^3/s$		$Q=1720m^3/s$	
				水位/m	回水位/m	水位/m	回水位/m	水位/m	回水位/m
25	295.6	50.91	2201.30	2202.83	2203.20	2204.64	2205.43	2205.56	2206.35
26	220	51.13	2202.00	2203.33	2203.60	2205.61	2206.01	2206.51	2207.00
27	338	51.47	2202.80	2204.18	2204.35	2205.93	2206.40	2206.74	2207.22
28	311	51.78	2203.00	2204.50	2205.12	2206.38	2206.81	2207.11	2207.50
29	298	52.08	2203.50	2204.74	2205.65	2206.71	2207.21	2207.56	2207.90
30	300	52.38	2203.73	2205.45	2206.06	2207.43	2207.73	2208.21	2208.36
31	322.06	52.7	2205.07	2206.18	2206.78	2208.26	2208.52	2209.09	2209.27
32	344.73	53.05	2205.14	2206.85	2207.40	2209.15	2209.33	2210.18	2210.32
33	260.49	53.31	2205.82	2207.70	2207.89	2209.76	2209.91	2210.71	2210.82
34	317.26	53.63	2206.39	2208.61	2208.52	2210.64	2210.68	2211.61	2211.65
35	236.76	53.86	2207.38	2209.13	2209.02	2211.25	2211.24	2212.18	2212.14
36	386.9	54.25	2207.61	2209.54	2209.61	2212.18	2212.16	2213.29	2213.27
37	289.72	54.54	2208.29	2210.04	2210.07	2212.56	2212.62	2213.97	2214.01
38	423.22	54.96	2209.09	2211.03	2211.03	2213.36	2213.49	2214.59	2214.67
39	1718.2	56.68	2210.79	2213.36	2213.37	2216.38	2216.51	2217.71	2217.66
40	2050	58.73	2214.79	2217.21	2217.20	2219.90	2219.59	2220.46	2220.27
41	2620	61.35	2221.46	2223.21	2223.28	2226.13	2226.04	2227.05	2226.98
42	2170	63.52	2225.29	2227.04	2227.05	2229.62	2229.32	2230.72	2230.47

① 深泓点高程指库区其横断面最低点的高程。

（4）动库容曲线的绘制。以入库流量 $Q=121.3m^3/s$、坝前水位 $Z=2202m$ 为例，给出详细计算过程，见表 3.5。该入库流量下，其他坝前水位对应的回水曲线及分段动库容计算结果见表 3.6。其他入库流量的动库容计算结果见表 3.7，动库容曲线如图 3.6 所示。

表 3.5　入库流量 $Q=121.3m^3/s$、坝前水位 $Z=2202m$ 时动库容曲线计算表

断面序号	距坝里程/km	深泓点高程/m	$Q=121.3m^3/s$		区段平均深泓点高程/m	区段平均水位/m	最大水深/m	区段水面面积/万 m^2	分段库容/万 m^3
			水位/m	回水位/m					
(1)	(2)	(3)	(4)	(5)	(6)	(7)	(8)	(9)	(10)
1	0	2087.14	2088.50	2202.00	2096.78	2202.00	105.22	613.48	32276.04
2	1.54	2095.17	2096.72	2202.00					
3	3.13	2096.7	2099.03	2202.00					
4	4.58	2100.37	2102.80	2202.00					
5	6.26	2104.51	2106.16	2202.00					
6	8.71	2109.13	2110.86	2202.00	2118.49	2202.00	83.51	705.50	29459.99
7	11.71	2114.46	2116.64	2202.00					
8	13.49	2118.4	2120.12	2202.00					
9	14.98	2122.3	2124.56	2202.00					
10	17.21	2128.15	2130.14	2202.00					

续表

断面序号	距坝里程/km	深泓点高程/m	$Q=121.3m^3/s$		区段平均深泓点高程/m	区段平均水位/m	最大水深/m	区段水面面积/万m^2	分段库容/万m^3
			水位/m	回水位/m					
(1)	(2)	(3)	(4)	(5)	(6)	(7)	(8)	(9)	(10)
11	20.63	2136.97	2138.66	2202.01	2150.16	2202.01	51.85	830.25	21520.83
12	22.86	2140.42	2143.03	2202.01					
13	27.75	2153.21	2154.43	2202.01					
14	29.93	2157.83	2159.49	2202.01					
15	31.7	2162.39	2164.93	2202.01					
16	33.67	2166.92	2168.43	2202.01	2177.80	2202.01	24.21	656.40	7945.79
17	35.71	2171.56	2173.04	2202.01					
18	39.56	2178.68	2180.19	2202.01					
19	41.54	2182.91	2184.29	2202.01					
20	44.61	2188.93	2190.56	2202.02					
21	46.21	2191.96	2193.32	2202.03	2198.43	2202.62	4.19	141.00	295.34
22	49.18	2197.98	2199.00	2202.10					
23	50.3	2200.1	2201.49	2202.79					
24	50.62	2200.8	2202.10	2202.97					
25	50.91	2201.3	2202.83	2203.20					
26	51.13	2202	2203.33	2203.60	2203.01	2204.96	1.95	6.25	6.10
27	51.47	2202.8	2204.18	2204.35					
28	51.78	2203	2204.50	2205.12					
29	52.08	2203.5	2204.74	2205.65					
30	52.38	2203.73	2205.45	2206.06					
31	52.7	2205.07	2206.18	2206.78	2205.96	2207.92	1.96	5.80	5.69
32	53.05	2205.14	2206.85	2207.40					
33	53.31	2205.82	2207.70	2207.89					
34	53.63	2206.39	2208.61	2208.52					
35	53.86	2207.38	2209.13	2209.02					
36	54.25	2207.61	2209.54	2209.61	2210.11	2212.26	2.15	22.40	24.01
37	54.54	2208.29	2210.04	2210.07					
38	54.96	2209.09	2211.03	2211.03					
39	56.68	2210.79	2213.36	2213.37					
40	58.73	2214.79	2217.21	2217.20					
41	61.35	2221.46	2223.21	2223.28	2223.38	2225.17	1.88	10.85	9.69
42	63.52	2225.29	2227.04	2227.05					
合计	91543.48								

注　(8)＝(7)－(6)；(10)＝0.5×(8)×(9)。

表 3.6　其他坝前水位动库容曲线计算表

断面序号	距坝里程/km	坝前水位 2199m		坝前水位 2195m		坝前水位 2185m		坝前水位 2175m		坝前水位 2155m		坝前水位 2135m		坝前水位 2115m	
		回水位/m	分段库容/万 m^3	回水位/m	分段库容/万 m^3	回水位/m	分段库容/万 m^3	回水位/m	分段库容/万 m^3	回水位/m	分段库容/万 m^3	回水位/m	分段库容/万 m^3	回水位/m	分段库容/万 m^3
1	0	2199.00		2195.00		2185.00		2175.00		2155.00		2135.00		2115.00	
2	1.54	2199.00		2195.00		2185.00		2175.00		2155.00		2135.00		2115.00	
3	3.13	2199.00	31355.82	2195.00	30128.86	2185.00	26233.05	2175.00	22035.36	2155.00	14578.99	2135.00	8972.80	2115.00	3951.57
4	4.58	2199.00		2195.00		2185.00		2175.00		2155.00		2135.00		2117.00	
5	6.26	2199.00		2195.00		2185.00		2175.00		2155.00		2135.00		2119.00	
6	8.71	2199.00		2195.00		2185.00		2175.00		2155.00		2135.00		2119.00	
7	11.71	2199.00		2195.00		2185.00		2175.00		2155.00		2135.00		2123.00	
8	13.49	2199.00	28401.74	2195.00	26990.74	2185.00	22615.17	2175.00	19215.17	2155.00	10982.27	2137.00	2813.64	2125.00	1277.58
9	14.98	2199.00		2195.00		2185.00		2175.00		2155.00		2139.00		2129.00	
10	17.21	2199.00		2195.00		2185.00		2175.00		2157.00		2141.00		2134.00	
11	20.63	2199.01		2195.01		2185.01		2175.01		2157.01		2145.01		2141.01	
12	22.86	2199.01		2195.01		2185.01		2175.01		2160.01		2148.01		2144.01	
13	27.75	2199.01	20275.45	2195.01	18614.95	2189.01	14429.34	2177.01	7207.07	2167.01	3941.42	2159.01	970.03	2155.01	30.14
14	29.93	2199.01		2195.01		2189.01		2177.01		2167.01		2163.01		2159.49	
15	31.70	2199.01		2195.01		2189.01		2177.01		2171.01		2165.01		2164.93	
16	33.67	2199.01		2195.01		2189.01		2181.01		2175.01		2169.01		2168.43	
17	35.71	2199.01		2197.01		2189.01		2184.01		2178.01		2173.04		2173.04	
18	39.56	2199.04	7107.37	2197.04	6319.69	2195.04	4281.81	2189.04	1963.43	2186.04	1059.36	2180.19	221.15	2180.19	123.26
19	41.54	2199.42		2197.42		2195.42		2191.42		2188.42		2184.29		2184.29	
20	44.61	2200.79		2198.79		2198.79		2194.79		2193.79		2190.56		2190.56	

续表

断面序号	距坝里程/km	坝前水位2199m		坝前水位2195m		坝前水位2185m		坝前水位2175m		坝前水位2155m		坝前水位2135m		坝前水位2115m	
		回水位/m	分段库容/万 m^3	回水位/m	分段库容/万 m^3	回水位/m	分段库容/万 m^3	回水位/m	分段库容/万 m^3	回水位/m	分段库容/万 m^3	回水位/m	分段库容/万 m^3	回水位/m	分段库容/万 m^3
21	46.21	2201.85		2199.85		2199.85		2195.85		2194.85		2193.32		2193.32	
22	49.18	2203.35		2202.35		2202.35		2199.35		2199.25		2199.00		2199.00	
23	50.30	2204.39	592.05	2203.39	465.15	2203.39	258.42	2201.89	73.98	2201.49	58.87	2201.49	77.55	2201.49	37.22
24	50.62	2205.11		2204.11		2204.11		2202.61		2202.10		2202.10		2202.10	
25	50.91	2205.43		2204.43		2204.43		2202.93		2202.83		2202.83		2202.83	
26	51.13	2206.01		2205.01		2205.01		2203.51		2203.33		2203.33		2203.33	
27	51.47	2206.40		2205.40		2205.80		2204.18		2204.18		2204.18		2204.18	
28	51.78	2206.81	71.81	2205.81	53.06	2206.21	39.38	2204.50	13.78	2204.50	9.00	2204.50	13.50	2204.50	13.50
29	52.08	2207.21		2206.21		2206.61		2204.74		2204.74		2204.74		2204.74	
30	52.38	2207.73		2206.73		2207.13		2205.45		2205.45		2205.45		2205.45	
31	52.70	2208.52		2207.52		2207.92		2206.18		2206.18		2206.18		2206.18	
32	53.05	2209.33		2208.33		2208.73		2206.85		2206.85		2206.85		2206.85	
33	53.31	2209.91	82.89	2208.91	62.01	2208.91	33.72	2207.70	15.14	2207.70	10.09	2207.70	15.14	2207.70	15.14
34	53.63	2210.68		2209.68		2209.68		2208.61		2208.61		2208.61		2208.61	
35	53.86	2211.24		2210.24		2210.74		2209.13		2209.13		2209.13		2209.13	
36	54.25	2211.36		2210.36		2210.86		2209.54		2209.54		2209.54		2209.54	
37	54.54	2211.92		2210.92		2211.42		2210.04		2210.04		2210.04		2210.04	
38	54.96	2212.49	299.40	2211.49	240.62	2212.39	100.73	2211.03	71.21	2211.03	47.49	2211.03	71.21	2211.03	71.21
39	56.68	2213.51		2213.41		2213.41		2213.36		2213.36		2213.36		2213.36	
40	58.73	2217.59		2217.49		2217.49		2217.21		2217.21		2217.21		2217.21	
41	61.35	2223.44	89.02	2223.34	84.46	2223.34	20.11	2223.21	18.95	2223.21	18.95	2223.21	18.95	2223.21	18.95
42	63.52	2227.22		2227.12		2227.12		2227.04		2227.04		2227.04		2227.04	
合计			88275.39		82959.39		68011.72		50614.07		30706.49		13173.73		5538.42

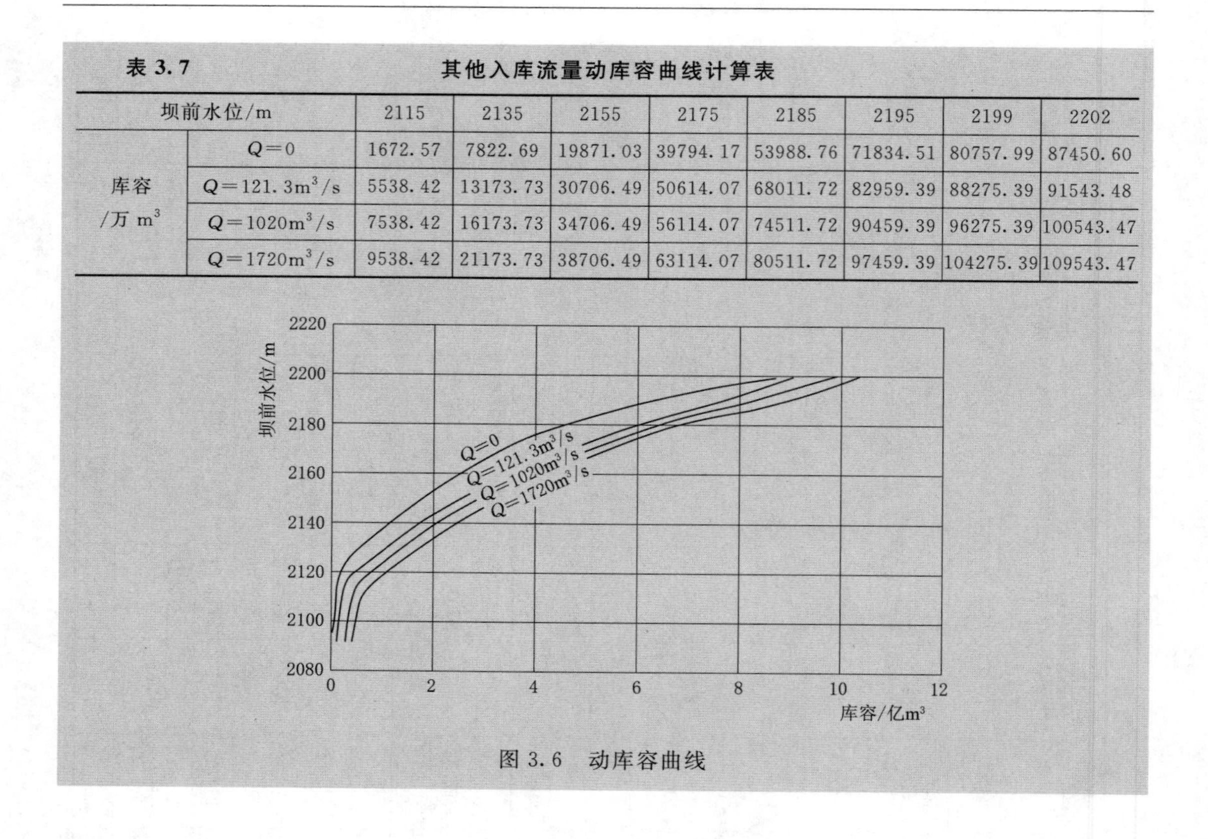

表 3.7　其他入库流量动库容曲线计算表

坝前水位/m		2115	2135	2155	2175	2185	2195	2199	2202
库容/万 m^3	$Q=0$	1672.57	7822.69	19871.03	39794.17	53988.76	71834.51	80757.99	87450.60
	$Q=121.3m^3/s$	5538.42	13173.73	30706.49	50614.07	68011.72	82959.39	88275.39	91543.48
	$Q=1020m^3/s$	7538.42	16173.73	34706.49	56114.07	74511.72	90459.39	96275.39	100543.47
	$Q=1720m^3/s$	9538.42	21173.73	38706.49	63114.07	80511.72	97459.39	104275.39	109543.47

图 3.6　动库容曲线

3.2　水库兴利设计保证率

3.2.1　设计保证率的含义

由于河川径流的多变性，若在枯水年也要保证兴利部门的正常用水要求，则需有相当大的库容，这在技术上可能有困难，经济上也不合理。一般允许一定的断水或减少用水，这就要研究各用水部门允许减少供水的可能性和合理范围，定出多年工作期中，用水部门的正常用水得到保证的程度，它常用正常用水保证率来表示。由于它是在进行水利水电工程设计时予以规定的，故也称为设计正常用水保证率，简称设计保证率。

设计保证率一般有以下三种不同的衡量方式：按保证正常用水的年数、按保证正常用水的历时、按保证正常用水的数量。三者都是以多年工作期中的相对百分数表示。

第一种为年保证率，指多年期间，正常工作年数占运行总年数的百分比，即

$$P=\frac{\text{正常工作年数}}{\text{运行总年数}}\times 100\%=\frac{\text{运行总年数}-\text{工作破坏年数}}{\text{运行总年数}}\times 100\% \tag{3.5}$$

所谓破坏年是指不能维持正常工作的任何年份，不论该年内缺水持续时间的长短和缺水数量的多少。

第二种为历时保证率，指多年期间正常工作历时（以日、旬或月为单位）占运行总历时的百分比，即

$$P'=\frac{正常工作历时}{总历时}\times 100\%=\frac{总历时-破坏历时}{总历时}\times 100\% \tag{3.6}$$

年保证率和历时保证率可用公式（3.7）换算，即

$$P=1-\frac{1-P'}{\mu} \tag{3.7}$$

式中 μ——破坏年份的相对破坏历时，可近似地按枯水年份的供水期持续时间与全年时间的比值来确定。

第三种是按照破坏程度计的“强度保证率”，即以实际用水量与正常用水量的比值来表示。这种保证率一般只作参考。

采用哪种形式的设计保证率，由用水部门特性、水库调节性能及设计要求等因素而定。蓄水式电站一般采用年保证率，径流式电站、大多数航运用水部门及其他不进行径流调节的用水部门，由于其日常工作是用日表示的，所以设计保证率采用历时保证率。

3.2.2 设计保证率的选择

设计保证率与用水部门的重要性和工程的等级规模等有关。在设计某一水库时，如果设计保证率定得越高，则用水部门的正常工作受破坏的机会就越小，但所需的水库容积就越大；或库容不增加，但效益减少。反之，如果设计保证率定得过低，则库容可以较小，但正常工作破坏的机会就多。显然这两种情况，都不仅与生产和经济有直接关系，而且涉及国民经济的其他方面并受政治上的影响。因此要恰当地规定出各用水部门的设计保证率，是一个复杂的问题。

在工程实际中，设计保证率是通过国家规范的形式来确定的。目前主要是根据各部门的用水性质、要求和重要性，以及生产实践中所累积的经验来规定设计保证率。

1. 灌溉设计保证率

南方地区因水源丰富，故灌溉设计保证率较北方为高；自流灌溉较提水灌溉为高；远景规划工程较近期工程为高。微灌设计保证率高于传统灌溉技术的灌溉设计保证率，具体可参照表3.8。

表 3.8　灌溉设计保证率

灌溉技术	地区	作物种类	水源类型	灌溉设计保证率/%
传统灌溉	缺水地区	以旱作物为主		50～70
		以水稻为主		70～80
	丰水地区	以旱作物为主		70～80
		以水稻为主		75～95
微灌			以地表水等为水源	≥85
			以地下水为水源	≥90

2. 水力发电的设计保证率

水力发电的设计保证率，常根据水电站所在电力系统的负荷特性、系统中的水电容量的比重、水电站的规模及其在电力系统中的作用、河川径流特性以及水库调节程度等因素来决定，水电站设计保证率具体可参照表3.9。大、中型水电站的设计保证率可查阅规范

中所列的规定值，结合具体情况选用。季节性的小型农村水电站可采用与灌溉相同的设计保证率。

表3.9　　水电站设计保证率

电力系统中水电容量的比重/%	≤25	25～50	≥50
水电站设计保证率/%	80～90	90～95	95～98

3. 供水设计保证率

工业及城市民用供水若遭破坏将直接影响人民生活和造成生产上的严重损失，故采用较高的设计保证率，一般采用95%～99%，大城市和重要工矿区取较高值。

4. 航运设计保证率

航运设计保证率一般按航道等级结合其他因素选定，具体可参考表3.10选取。在设计该类工程时应根据具体情况参照国标《内河通航标准》（GB 50139—2022）或上海市地方标准《内河航道工程设计规范》（DGTJ 08—2116—2012）等执行。

表3.10　　航运设计保证率

航道等级	保证率频率法保证率/%	综合历时曲线法保证率/%
一～二	98～99	≥98
三～四	95～98	95～98
五～六	90～95	90～95

案例3.3：甘肃某水利枢纽水库是一座以蓄水发电、城市和农村生活供水为主，兼顾灌溉和生态用水的综合性大型水利工程。试确定水力发电工程、供水工程和灌溉工程的设计保证率。

解：（1）水力发电工程设计保证率：参照《水电工程动能设计规范》（NB/T 35061—2015），根据甘肃电力系统负荷特性、系统中水电比重（国家电网甘肃省电力公司2016年10月统计表明，甘肃电网总装机4748万kW。其中，水电装机861万kW，占全网总装机的18%，火电装机1931万kW，占全网总装机的41%，风电装机1277万kW，占全网总装机的27%，太阳能装机679万kW，占全网总装机的14%）及电站的调节性能等因素综合考虑，该水利枢纽建成后，将联入甘肃电网运行，主要供电对象为兰州电网，故电站采用与黄河干流上已（在）建诸梯级电站相同的设计保证率，该水利枢纽工程发电设计保证率采用90%。

（2）灌溉设计保证率：供水工程总干渠年引用水量（5.5亿m^3）占河道天然年来水量（38.25亿m^3）比重相对较小，约为14.38%，即使在特枯年份，也可全部满足；该供水工程拟灌溉作物以玉米、小麦、胡麻为主，属于耐旱作物，故农业灌溉设计保证率定为75%。

（3）生活及工业供水保证率：根据供水工程规划，供水对象主要为陇中干旱缺水地区的农村和县城的生活及工业供水，受水区有不同储水设施，具有一定的自我调节能力，且供水对象较为分散，设计保证率取90%，后期通过配套调蓄水池，补充提高供水设计保证率。

案例 3.4： 甘肃陇南某供水水库的供水范围确定为徽县县城（城关镇）、水阳乡、永宁镇、柳林镇沿永宁河两岸可自流覆盖的范围，试确定该水库的供水和灌溉设计保证率。

解：（1）根据《室外给水设计标准》（GB 50013—2018）及《村镇供水工程技术规范》（SL 310—2019）的相关规定，确定人饮、工业供水设计保证率为95%，与项目建议书一致。

（2）根据《灌溉与排水工程设计标准》（GB 50288—2018）的规定，喷灌、微灌设计保证率为85%～95%，考虑项目区设施农业主要种植作物为瓜果蔬菜，本次设施农业灌溉设计保证率取90%。

（3）根据《管道输水灌溉工程技术规范》（GB/T 20203—2017）中“灌溉设计保证率，应根据当地自然条件和经济条件确定，宜不低于75%”的要求，本次管灌设计保证率取75%。

3.3 水库的水量损失

水库建成后，库区水位及库边地下水位抬高，水面加宽，水深增大，流速减小；库区内的水流挟沙、蒸发、渗漏、水温、水质等水情亦起变化。水库中水量存在无益损失的问题，本节主要介绍水库蒸发损失及渗漏损失。此外，在某种场合下，还需考虑在形成冰层时所损失的水量。

3.3.1 蒸发损失

水库的蒸发损失是指水库兴建前后因蒸发量的不同，所造成的水量差值。修建水库前，除原河道有水面蒸发外，整个库区都是陆面蒸发，因水面蒸发比陆面蒸发大，故所谓蒸发损失就是指由陆面面积变为水面面积所增加的额外蒸发量，以 $W_{蒸}$ 表示为

$$W_{蒸}=1000(E_{水}-E_{陆})F_{V} \tag{3.8}$$

$$E_{水}=\eta E_{皿} \tag{3.9}$$

式中 $E_{皿}$——水面蒸发皿实测水面蒸发，mm；

η——水面蒸发皿折算系数，一般为0.65～0.80；

$E_{水}$——水面蒸发，mm；

$E_{陆}$——陆面蒸发，mm；

F_{V}——建库增加的水面面积，km^2。

$$E_{陆}=E_{0}=P_{0}-R_{0} \tag{3.10}$$

式中 P_{0}——闭合流域多年平均年降水量，mm；

R_{0}——闭合流域多年平均年径流深，mm；

E_{0}——闭合流域多年平均年陆面蒸发量，mm。

在蒸发资料比较充分时，要做出与来、用水对应的水库年蒸发损失系列，其年内分配即采用当年 $E_{皿}$ 的年内分配。如果资料不充分，在年调节计算时，可采用多年平均年蒸发

量和多年平均年内分配进行计算。

如果水库形成前原有的水面面积与水库总面积的相对比值不大，则计算中可以忽略不计，取水库总面积作为 F_V 的值。

3.3.2　渗漏损失

建库之后，由于水位抬高，水压力的增大，水库蓄水量的渗漏损失随之加大，在径流调节计算中应计算该项水量损失值。如果渗漏比较严重，则调节计算中应进行充分论证，若受其他因素限制时，应采取相应的防渗措施以减少渗漏量。水库的渗漏损失主要包含下面几个方面。

（1）经过能透水的坝身（如土坝、堆石坝等），以及闸门的渗漏。

（2）通过坝址及坝的两翼的渗漏。

（3）通过库底流向较低的透水层或库外的渗漏。

一般可按渗漏理论的达西公式估算渗漏的损失量。计算时所需的数据（如渗漏系数、渗径长度等）必须根据库区及坝址的水文地质、地形、水工建筑物的形式等条件来决定，而这些地质条件及渗流运动均较复杂，往往难以用理论计算获得较好的成果。因此，在生产实际中，常根据水文地质情况，定出一些经验性的数据，作为初步估算渗漏损失的依据。

案例 3.5：甘肃陇南某供水水库坝址所在地为徽县，求该水库库面蒸发损失强度。

解：根据《甘肃省地表水资源》，徽县气象站年水面蒸发量为 800mm（E－601 蒸发皿）。对于陆面蒸发，目前常采用多年平均年降雨量和多年平均径流深之差，作为陆面蒸发的估算值，年内分配参考徽县气象站实测蒸发资料。该水库多年平均蒸发损失强度计算见表 3.11。

表 3.11　徽县某水库多年平均蒸发损失强度计算表

月份	天数	蒸发皿测量值 /mm	水面蒸发 /mm	降雨 /mm	径流深 /mm	陆面蒸发 /mm	蒸发损失（$E_水-E_陆$） /mm
1	31	34.3	24.0	6.1	1.8	14.9	9.1
2	28	50.3	35.2	8.4	2.4	21.9	13.3
3	31	90.8	63.6	22.0	6.4	39.5	24.1
4	30	129.4	90.6	43.9	12.7	56.4	34.2
5	31	152.7	106.9	68.3	19.7	66.6	40.3
6	30	160.2	112.1	83.8	24.2	69.6	42.5
7	31	162.4	113.7	135.2	39.0	70.9	42.8
8	31	143.4	100.4	122.5	35.4	62.2	38.2
9	30	78.2	54.7	120.1	34.7	34.0	20.7
10	31	56.6	39.6	59.0	17.0	24.7	14.9
11	30	42.2	29.5	18.3	5.3	18.4	11.1
12	31	32.0	22.4	5.4	1.6	13.9	8.5
合计	365	1132.5	792.7	693.0	200.0	493.0	299.7

注　逐月按照 $E_陆=P_0-R_0$ 求得全年陆面蒸发量后，各月陆面蒸发量参考徽县气象站实测蒸发资料重新进行分配。

3.4 水库设计死水位的选择

水库建成后，并不是全部容积都可用来进行径流调节的。首先，泥沙的沉积迟早会将部分库容淤满（图 3.7）；其次，自流灌溉、发电、航运、渔业以至旅游等各用水部门，也要求水库水位不能低于某一高程，而这个高程正是由死水位来控制。水库死水位是指在正常运用情况下，允许水库消落的最低水位。死水位以下的库容称为死库容或垫底库容。水库正常运行时一般不能低于死水位。除非特殊干旱年份或其他特殊情况，如战备要求、地震等，为保证紧要用水、安全等要求，经慎重研究，才允许临时动用死库容部分存水。

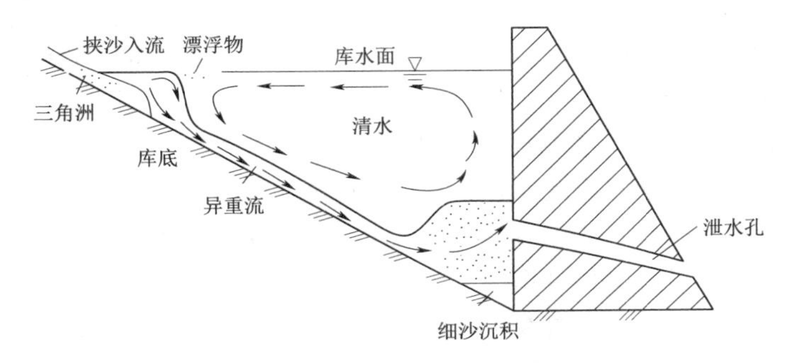

图 3.7 水库泥沙淤积示意图

在规划设计灌溉水库时，首先要确定死水位，然后进行调节计算，求得兴利库容和正常蓄水位。水库死水位的选择可按下列要求确定。

3.4.1 考虑水库泥沙淤积的需要

对悬移质而言，假定河流挟带的泥沙有一部分沉积在水库中，而且泥沙淤积呈水平状增长，计算水库使用 T(a) 后的淤沙总容积 $V_{沙总}$ 为

$$V_{沙总}=TV_{沙年} \tag{3.11}$$

其中

$$V_{沙年}=\frac{SWm}{(1-P)\rho_s} \tag{3.12}$$

式中 T——水库正常使用年限，年（小型水库 $T=20\sim30$ 年，大型水库 $T=50\sim100$ 年）；

$V_{沙年}$——多年平均淤沙容积，m^3/年；

S——多年平均含沙量，kg/m^3；

W——多年平均年径流量，m^3；

m——库中泥沙沉积率，%（视库容的相对大小或水库调节程度而定）；

P——淤积体的孔隙率，%；

ρ_s——泥沙颗粒的干密度，kg/m^3。

当有推移质以及塌岸存在时：

$$V_{沙年}=(1+\beta)\frac{SWm}{(1-P)\rho_s}+V_{塌} \tag{3.13}$$

式中　$V_{塌}$——库岸平均年坍塌量，m^3；

β——推移质淤积量与悬移质淤积量的比值，即泥沙推悬比，根据流域植被覆盖情况取值。

3.4.2　保证水电站所需要的最低水头

当水库承担发电任务时，死水位决定着水电站的最低水头。死水位越高，水电站出力越大。水电站水轮机的选择，有一个允许的水头变化范围，其取水口的高程也要求库水位始终保持某一高程以上。

3.4.3　自流灌溉引水需要

自流灌溉对引水渠首的水面高程有一定要求，这个高程可根据灌区控制高程及引水渠的纵坡和渠道长度推算而得，也就是水库放水建筑物的下游水位。很显然，死水位越高，则自流灌溉的控制面积也越大（水量满足要求时），在抽水灌溉时，也可使抽水的扬程减少。

3.4.4　库区航运和渔业的要求

当水库回水尾端有浅滩，影响库尾水体的流速和航道尺寸，或库区有港口或航渠入口，则为维持最小航深，均要求死水位不能低于上述相应的库位。水库的建造，为发展渔业提供了优良的条件，因此，死库容的大小，必须顾及在水库水位消落到最低时，尚有足够的水面面积和容积，以维持鱼群生存的需要。

案例3.6：某水库位于山西省运城市垣曲县城以北，坝址位于黄河流域亳清河的支流上，控制流域面积20.4km²，流域总长3.42km，坡降52.0‰，设计灌溉面积3878亩，是一座以农业灌溉为主，兼顾城市供水和生态用水等综合利用的水库。求该水库的死库容及死水位。

解：该水库采用雨沙模型法计算泥沙，模型结构为

$$\overline{M}_S = B\sum_{i=1}^{N}\alpha_i C_i \overline{X}_s^m$$

$$\overline{W} = \frac{A\overline{M}_S}{10000}$$

式中　$\overline{M}_S$——设计流域多年平均输沙模数，t/km^2；

B——水文分区参数；

N——设计流域的地类数；

α_i——流域内单一地类面积权重；

C_i——流域产沙地类产沙参数，t/km^2；

$\overline{X}_s$——流域多年平均产沙降水指标；

m——与水文分区降水特征有关的参数；

A——流域面积，km^2；

$\overline{W}$——多年平均悬移质年输沙量，万t。

由《山西省水文计算手册》（2011年3月，简称《手册》）查得：该流域处在水文分区的东区，水文下垫面产沙地类为石山森林与石山灌丛，水文分区参数$B=0.94$，产沙参数$\alpha_1=0.98$、$\alpha_2=0.02$；$C_1=91t/km^2$、$C_2=750t/km^2$，地类数$N=2$，流域多年

平均产沙降水指标 $\overline{X}_s=1.3$，与水文分区降水特征有关的参数 $m=3.45$。

经计算，该水库多年平均悬移质年输沙量为 0.5 万 t，由于所在流域植被覆盖较好，泥沙推悬比 β 取 0.2，多年平均推移质年输沙量为 0.1 万 t，则水库的多年平均年输沙总量为 0.6 万 t。

根据泥沙计算成果，水库多年平均年输沙总量为 0.6 万 t，其中悬移质输沙量 0.5 万 t，推移质输沙量 0.1 万 t，入库泥沙中悬移质干容重按 1.8t/m^3 计，推移质干容重按 2.2t/m^3 计，水库设有排沙洞，参照类似工程，排沙比按 20%考虑（即泥沙沉积率为 80%），淤积体孔隙率为 0.3，则多年平均淤积体体积 $V_{沙年}=0.369$ 万 m^3，设水库运行年限 30 年，水库悬移质和推移质泥沙淤积体体积计算如下：

年淤积总体积$=V_{干沙}\div V_{沙占比}$

$=(V_{悬移质}+V_{推移质})\div(1-0.3)$

=(悬移质输沙量/悬移质干容重+推移质输沙量/推移质干容重)÷0.7

$=(0.5/1.8+0.1/2.2)\times0.8\div0.7=0.369$(万 m^3)

30 年淤积总体积$=30\times0.369=11.07$(万 m^3)

考虑坍塌体后淤积体总体积为 11.10 万 m^3，查水位-水面面积-库容曲线（表 3.12）得，死水位 $Z_{死}=701.46$m。

表 3.12　　水位-水面面积-库容关系表

水位/m	水面面积/10^{3}m^2	库容/万 m^3	水位/m	水面面积/10^{3}m^2	库容/万 m^3
688	0.80	0.00	706	38.22	23.68
690	1.03	0.18	708	47.65	32.27
692	2.91	0.58	710	57.92	42.83
694	5.98	1.47	712	67.47	55.36
696	8.75	2.94	714	80.64	70.18
698	12.89	5.10	716	95.59	87.80
700	17.57	8.15	718	116.79	109.04
702	22.73	12.18	720	141.57	134.87
704	27.05	17.16			

由于该水库库区无航运和渔业的要求，且水库坝址高程远高于自流灌溉和其他供水高程要求，故按照水库泥沙淤积需要所求死水位为 701.46m，即为该水库的设计死水位。

3.5　年调节水库兴利调节计算中的复杂问题

3.5.1　计入损失的年调节水库兴利调节计算

在水库对来水进行调节以满足用水要求时，会同时产生各种水量损失，因此水库的实际库容较前计算的应适当增大，以抵偿这部分耗水，保证正常供水。计入损失的兴利库容的计算方法有列表试算法、列表近似计算法和简化计算法三种。常用的列表近似计算法介绍如下。

（1）首先按不考虑损失近似求得各时段平均蓄水量，据此算出 $W_{蒸}$、$W_{渗}$；

（2）将 $W_{蒸}$、$W_{渗}$ 代入 $\Delta V=Q\Delta t-q\Delta t-W_{蒸}-W_{渗}-W_{弃}$，计算得各时段的实际余缺

水量值；

（3）根据实际余缺水量判别运用次数，求得该调节年度所需库容 $V_{需}$；

（4）如果用长系列法求兴利库容时，可如法炮制，求得各年度调蓄库容 $V_{需,i}$ 后，将其从小到大排列，求经验频率 p_i，绘制频率 $p-V$ 曲线，根据工程设计保证率 P 查得兴利库容；

（5）如果用代表年法求兴利库容时，若步骤（1）选取的来用水资料为符合水库设计保证率要求的典型年度资料，则步骤（3）求得的该年度的 $V_{需}=V_{兴}$。

3.5.2　缺少资料时水库兴利调节计算

当采用长系列法和实际代表年法有困难（缺来水或用水过程资料）时，可采用设计代表年法。设计代表年法计算步骤如下。

（1）先在设计站或参证站或灌区选择一个（或几个）符合要求的典型的实际年来水过程和年用水过程；

（2）把设计年来水量 $W_{来,P}$ 和设计年用水量 $W_{用,P}$ 按典型的来用水过程同比例放大或缩小分配下去，成为设计过程线；

（3）求设计来水、用水过程线的余缺水量，据此推求水库兴利库容 $V_{兴}$。

案例 3.7：某新设计水库位于垣曲县新城镇，所处流域为亳清河上游支脉之一。水库控制流域面积 20.4km²，其中变质岩森林山地 20.0km²，变质岩灌丛山地 0.4km²。流域总长 3.42km，坡降 52.0‰，流域内植被较好。求该水库兴利库容。

解：（1）由于流域内没有水文站，故采用设计代表年法进行兴利调节计算。经调查下游亳清河水文站 A 距该水库坝址 18km，但地类差别大，不宜采用；相邻支流水文站 B 距坝址 38km，地类与本流域相似，将其作为参证站进行计算。

（2）参证站典型来水过程线选择：用 50%、75%和 95%等 3 个频率值在 B 水文站年来水频率曲线上选择出对应的来水过程线，参证站典型年来水资料见表 3.13。

表 3.13　参证站典型年来水资料

月份		1	2	3	4	5	6	7	8	9	10	11	12	小计
50%频率	比例/%	3.9	4.2	5.9	5.0	4.6	4.7	14.3	24.0	14.3	8.1	6.3	4.7	100.0
	径流量/万 m³	6.9	7.5	10.5	8.8	8.2	8.4	25.3	42.6	25.4	14.3	11.2	8.3	177.4
75%频率	比例/%	6.0	5.7	3.1	2.4	9.0	2.7	20.7	28.9	7.6	3.9	5.4	4.6	100.0
	径流量/万 m³	6.9	6.6	3.6	2.8	10.4	3.1	24.0	33.5	8.8	4.5	6.3	5.3	115.8
95%频率	比例/%	10.0	7.8	6.6	4.8	6.1	1.9	6.5	7.2	9.6	18.3	11.4	9.8	100.0
	径流量/万 m³	7.2	5.6	4.8	3.5	4.4	1.4	4.7	5.2	6.9	13.2	8.2	7.1	72.2

（3）设计年来水量的计算：先计算设计水库坝址位置的年径流均值，该值由地表年径流均值与基流均值两部分组成。该流域无径流观测资料，属无资料地区，本次采用《山西省水文计算手册》（2011 年 3 月）的计算方法进行计算。

1）地表年径流量深的计算：地表年径流均值采用幂函数模型法和双曲正切模型法进行计算。

a. 幂函数模型法。计算公式为

$$\overline{R}_s=a\overline{K}^b$$

式中 $\overline{R}_s$——设计流域地表年径流深，mm；

$\overline{K}$——设计流域多年平均相对年降水量，即流域平均年降水均值与全省多年平均年降水均值（507.6mm）的比值；

a——设计流域水文下垫面产流地类复合参数，mm；

b——水文分区参数。

由《手册》查得该流域处在水文分区的东区，水文下垫面产流地类为变质岩森林山地与变质岩灌丛山地，多年平均年降水量为720mm，产流地类参数 $a_1=38$mm、$a_2=57$mm，水文分区参数 $b=2.72$，多年平均相对降水量 $\overline{K}=720/507.6=1.418$，设计流域多年平均地表径流深 $\overline{R}_s$ 计算结果为99.2mm。

b. 双曲正切模型法。计算公式为

$$\overline{R}_s=\overline{P}_A-Z_m\text{th}\frac{\overline{P}_A}{Z_m}$$

式中 $\overline{P}_A$——设计流域多年平均年降水量，mm；

Z_m——可能最大损失量，mm。

由《手册》查得：变质岩森林山地 $Z_m=1050$mm、变质岩灌丛山地 $Z_m=725$mm，前面已查得流域多年平均年降水量 $\overline{P}_A=720$mm，设计流域多年平均地表径流深 $\overline{R}_s$ 计算结果为96.5mm。

为了提高水源的保证率，选双曲正切模型法计算的结果，即多年平均地表径流深采用96.5mm。

2）地表年径流量均值的计算。地表年径流量均值由下式进行计算：

$$\overline{w}_{SR}=0.1\overline{R}_sA$$

式中 $\overline{w}_{SR}$——年径流量均值，万 m^3；

A——设计流域集水面积，km^2。

设计水库坝址控制流域集水面积 A 为 20.4km^2，设计流域地表年径流量均值 $\overline{w}_{SR}$ 计算结果为196.86万 m^3。

3）基流计算。

a. 依据《山西省清泉水流量调查成果》可知：该水库的河道基流测点位于垣曲县新城镇20m断面处，测量日期分别为2009年4月3日和2013年10月13日，采用三角堰法测流，河道的基流量为0.04m^3/s，则每月来水量为10.51万 m^3，年总来水量为126.12万 m^3。

b. 数学模型法计算。计算公式为

$$\overline{R}_g=c(\overline{K}-K_o)$$

式中 $\overline{R}_g$——设计流域多年平均基流量，mm；

c——流域水文下垫面综合补给条件参数；

$\overline{K}$——设计流域多年平均相对年降水量；

K_o——无效相对年降水量。

由《手册》查得变质岩灌丛山地 $c=65.0$，$K_{。}=0.65$，变质岩森林山地 $c=96.0$，$K_{。}=0.80$，多年平均相对年降水量 $\overline{K}=720/507.6=1.418$，则设计流域多年平均基流量 $\overline{R}_{g}$ 的计算结果为 59.3mm，年总来水量为 120.97 万 m^3。

为了提高水源的保证率，采用数学模型法的计算结果，即地表径流深 $\overline{R}_{s}=96.5mm$，基流径流深 $\overline{R}_{g}=59.3mm$，多年平均径流深 $\overline{R}=59.3+96.5=155.8(mm)$，则设计流域年径流量均值 $=\overline{w}_{SR}+\overline{R}_{g}\times A=196.86+120.97=317.83$(万 m^3)。

4）设计流域年径流变差系数 C_{VR} 及偏态系数 C_{SR} 的计算。

a. 无资料地区年径流变差系数可采用经验公式计算。计算公式为

$$C_{VR}=\frac{kC_{V}}{a^{m}+n\lg A}$$

式中 C_{VR}——设计流域年径流变差系数；

C_{V}——设计流域年降水量变差系数；

a——年径流系数，即流域多年平均年径流量与流域多年平均年降水量之比；

k、m、n——水文分区参数。

由《手册》查得，设计流域年降水量变差系数 $C_{V}=0.20$，年径流系数 $a=0.221$，水文分区参数 $k=1.582$，$m=0.671$，$n=0.099$，代入公式可求得流域年径流变差系数 C_{VR} 为 0.642。

b. 年径流偏态系数可由年径流倍比值公式计算。计算公式为

$$C_{SR}/C_{VR}=1.86\frac{\overline{R}_{g}}{\overline{R}}+2.0$$

前面算得：$\overline{R}_{g}=59.3mm$，$\overline{R}=155.8mm$，设计流域年径流倍比值计算结果为 2.708。年径流偏态系数 C_{SR} 计算结果为 1.739。

5）流域设计年径流量的计算。前面算得设计流域多年平均年径流深 $\overline{R}=155.8mm$，年径流量均值 $\overline{W}_{R}=317.83$ 万 m^3，年径流变差系数 $C_{VR}=0.642$，年径流偏态系数 $C_{SR}=1.739$，查《手册》皮尔逊Ⅲ型曲线离均系数 φ_{P} 值，再由公式计算设计频率的年径流量，计算结果见表 3.14。

表 3.14　　水库设计年径流量计算成果表

设计频率 P/%	50	75	95
设计离均系数 φ_{P}	−0.274	−0.720	−1.044
$K_{P}=1+\varphi_{P}\cdot C_{VR}$	0.824	0.538	0.330
设计年径流深 $R_{P}=K_{P}\cdot\overline{R}$/mm	128.4	83.8	51.4
设计年径流量 $W_{P}=0.1R_{P}\cdot A$/万 m^3	261.9	171.0	104.9

在保证率为 50%、75%和 95%时，该流域设计年径流量分别为 261.9 万 m^3、171.0 万 m^3 和 104.9 万 m^3。

（4）设计年径流年内分配。采用水文比拟法将设计年径流量按参证站典型来水过程

同比例分配下去，成为设计过程线，水库径流年内分配计算见表 3.15。

表 3.15　水库径流年内分配计算表

月　份		1	2	3	4	5	6	7	8	9	10	11	12	小计
50%频率	参证站比例/%	3.9	4.2	5.9	5.0	4.6	4.7	14.3	24.0	14.3	8.1	6.3	4.7	100.0
	设计径流量/万 m^3	10.2	11.0	15.5	13.1	12.0	12.3	37.5	62.9	37.5	21.2	16.5	12.3	261.9
75%频率	参证站比例/%	6.0	5.7	3.1	2.4	9.0	2.7	20.7	28.9	7.6	3.9	5.4	4.6	100.0
	设计径流量/万 m^3	10.2	9.8	5.3	4.1	15.4	4.6	35.5	49.5	13.0	6.7	9.3	7.8	171.0
95%频率	参证站比例/%	10.0	7.8	6.7	4.9	6.1	1.9	6.5	7.2	9.6	18.3	11.4	9.8	100.0
	设计径流量/万 m^3	10.5	8.1	7.0	5.1	6.4	2.0	6.8	7.6	10.0	19.2	11.9	10.3	104.9

（5）设计年用水量计算。

1）设计保证率选择。根据《灌溉与排水工程设计标准》（GB 50288—2018）第 3.2.2 条的规定，灌溉设计保证率应为 50%～95%。根据山西省水利厅晋水规计〔2013〕411 号文件要求，执行《山西省小型水库更新建设工程设计指导意见的通知》：设计灌溉保证率为 $P=50\%$，城市供水保证率为 $P=95\%$，生态供水保证率为 $P=50\%$。

2）灌溉用水量计算。该水库下游灌区主要作物以小麦、棉花和玉米为主，设计灌溉保证率确定为 50%，水库控制灌溉面积为 3908 亩，根据该灌区农业发展规划及当地农民种植习惯，该灌区作物种植比例为：小麦为 70%，棉花为 15%，玉米为 15%，复播为 20%。结合当地的灌水经验，拟定设计灌溉保证率时的灌溉制度，见表 3.16。

参考已成灌区及规范，渠系水利用系数采用 0.73，田间水利用系数采用 0.9，灌溉水利用系数=渠系水利用系数×田间水利用系数=0.73×0.9=0.657≈0.66。

表 3.16　$P=50\%$灌溉制度表

作物	作物面积占比/%	灌水次数	灌水定额/(m^3/亩)	灌溉定额/(m^3/亩)	灌水时间		灌水延续时间/d	灌水率/[(m^3/s)·万亩]
					始	终		
小麦	70	1	35	105	11 月 12 日	12 月 1 日	20	0.142
		2	35		2 月 19 日	3 月 10 日	20	0.142
		4	35		4 月 18 日	5 月 5 日	18	0.158
棉花	15	1	35	105	3 月 18 日	3 月 25 日	8	0.076
		2	35		5 月 15 日	5 月 20 日	6	0.101
		3	35		6 月 16 日	6 月 21 日	6	0.101
玉米	15	1	35	70	3 月 18 日	3 月 25 日	8	0.076
		2	35		5 月 21 日	5 月 26 日	6	0.101
复播	20	1	35	100	6 月 5 日	6 月 15 日	11	0.074
		2	35		7 月 7 日	7 月 18 日	12	0.068
		3	30		8 月 7 日	8 月 18 日	12	0.058

根据灌溉制度计算表可知各月用水量，见表 3.17。

表3.17　　$P=50\%$各月用水量

月份	2	3	4	5	6	7	8	11	12	合计
用水量/万m^3	7.25	13.47	10.48	10.25	7.25	4.14	3.55	13.78	0.73	70.90

3）生活及工业用水量计算。该水库可作为A县城的补充供水水源，目前A县城主要是另一B水库在丰水期每天给城市供水2万m^3，但随着县城的发展及工业园区建设已不能满足县城用水需求。现拟定本设计水库在设计水平年，考虑夏季为用水高峰，在7月、8月、9月每月给A县城供水10万m^3，其他每月给A县城供水6万m^3，年总供水量84万m^3，以补充县城发展所需的一部分水量。

4）生态用水量计算。水库下游B县城段共修建10条橡胶坝生态工程，每个橡胶坝蓄水2万m^3，总需水量20万m^3，形成10万m^2的水面面积。每年的7—9月橡胶坝采用塌坝运行，10月需从该设计水库补水并蓄满，同时该工程每年由于水面蒸发与渗漏损失的水量，也需从新建水库补水。橡胶坝工程水域面积蒸发损失强度较河道渗漏损失量较大，占月蓄水量的15.5%，年生态用水量为36.9万m^3，具体计算表见3.18。

5）各部门用水总量汇总及供需平衡分析。将各月灌溉用水、生活及工业用水、生态用水逐月求总后统计于表3.19。当来水保证率为50%时，上述三个供水对象的用水总量为191.8万m^3，而来水总量为261.9万m^3，来水总量满足用水要求。

（6）兴利库容初算（不考虑水量损失）。当设计保证率为50%时，由供需平衡计算可知，河道来水总量满足用水要求，但来水过程与用水过程不匹配，需要有调蓄工程对供需过程进行调节。根据余、缺水量计算结果可知，余水总量113.57万m^3，缺水总量43.47万m^3，该年度余缺水过程2次，即为2次运用[1]，根据逆时序推算法求得不考虑水量损失的调节库容为41.05万m^3，计算过程见表3.19。

（7）考虑水量损失的兴利计算。兴利调节计算仍采用设计代表年法，水库来水按50%频率控制，根据水库来水及蒸发渗漏损失计算量，与各月灌溉用水量、生态用水量、县城用水量进行水量平衡计算见表3.20。

利用案例3.6的方法求得水库死库容为11.10万m^3，用参证站多年平均逐月水面蒸发深度资料求出水库各月蒸发损失水量；该库区地质条件中等，水库渗漏损失按水库当月平均蓄水量的1%计算，即可求得蒸发损失和渗漏损失之和（总损失），则考虑水库水量损失后的用水量等于各部门逐月用水量加上对应的各月数量损失值。之后进行余、缺水量求解，得出余、缺水量。该设计代表年度水库为2次运用，求得所需的调蓄库容为48.23万m^3，即等于符合工程设计保证率要求的考虑水量损失后的兴利库容。

由计算所得兴利库容加上死库容后得到水库正常蓄水位以下对应的库容$V_{正}$，即$V_{正}=V_{兴}+V_{死}=48.23+11.10=59.33$万$m^3$，查水库$Z-V$特性曲线后得该水库的正常蓄水位为713.80m。

[1] 水库运行过程中来水量大于用水量为余水，小于用水量为缺水，1次余缺过程为1次运用。

表 3.18　生态用水量计算表

月份	1	2	3	4	5	6	7	8	9	10	11	12	合计
蒸发强度/m	0.05	0.06	0.1	0.14	0.16	0.17	0.15	0.12	0.1	0.09	0.07	0.06	1.27
蒸发损失/万 m^3	0.50	0.60	1.00	1.40	1.60	1.70	—	—	—	0.90	0.70	0.60	9
渗漏损失/万 m^3	3.10	3.10	3.10	3.10	3.10	3.10	—	—	—	3.10	3.10	3.10	27.9
生态用水/万 m^3	3.60	3.70	4.10	4.50	4.70	4.80	0	0	0	4.00	3.80	3.70	36.9

表 3.19　水库水资源供需平衡分析及兴利库容初估　单位：万 m^3

项目		月份												全年合计
		7	8	9	10	11	12	1	2	3	4	5	6	
需水量	灌溉用水	4.14	3.55	0	0	13.78	0.73	0	7.25	13.47	10.48	10.25	7.25	70.90
	县城用水	10	10	10	6	6	6	6	6	6	6	6	6	84
	生态用水	0	0	0	4.0	3.8	3.7	3.6	3.7	4.1	4.5	4.7	4.8	36.9
	总需水量合计	14.14	13.55	10.00	10.00	23.58	10.43	9.60	16.95	23.57	20.98	20.95	18.05	191.80
供水量	河道来水量（50%）	37.4	62.9	37.5	21.1	16.5	12.3	10.2	11.1	15.5	13.0	12.1	12.4	261.9
供需平衡	缺水	—	—	—	—	7.05	—	—	5.87	8.07	7.99	8.85	5.64	43.47
	余水	23.21	49.33	27.50	11.10	—	1.83	0.59	—	—	—	—	—	113.57
月末蓄水量		0	2.44	29.94	41.05	34.00	35.83	36.42	30.55	22.48	14.49	5.64	—	—

表 3.20　　**水量平衡计算表**

时段	/月	天然来水量/万 m³	未记入水量损失的情况：灌溉用水量/万 m³	生态用水量/万 m³	城市用水量/万 m³	来水-用水：余水/万 m³	亏水/万 m³	时段末蓄水量/万 m³	时段平均蓄水量/万 m³	平均水面面积/万 m²	水量损失：蒸发 深度/m	蒸发 水量/万 m³	渗漏 强度	渗漏 水量/万 m³	水量损失值/万 m³	记入水量损失的情况：毛用水量/万 m³	余水量/万 m³	缺水量/万 m³	时段末蓄水量/万 m³	弃水量/万 m³	备注
(1)		(2)	(3)	(4)	(5)	(6)	(7)	(8)	(9)	(10)	(11)	(12)	(13)	(14)	(15)	(16)	(17)	(18)	(19)	(20)	
								11.10											11.10		
丰水期	7	37.35	4.14	0	10	23.21		34.31	22.71	3.65	0.15	0.55	按当月库存水量的1%计算	0.23	0.78	14.92	22.43		33.53		
丰水期	8	62.88	3.55	0	10	49.33		61.04	47.68	6.16	0.12	0.74		0.48	1.22	14.77	48.11		59.33	22.31	兴利库容
丰水期	9	37.50	0	0	10	27.50		61.04	61.04	7.25	0.10	0.73		0.61	1.34	11.34	26.16		59.33	26.16	
丰水期	10	21.11	0	4.0	6	11.11		61.04	61.04	6.86	0.09	0.62		0.61	1.23	11.23	9.88		59.33	9.88	
枯水期	11	16.53	13.78	3.8	6		7.05	53.99	57.52	6.23	0.07	0.44		0.58	1.02	24.60		8.07	51.26		
枯水期	12	12.26	0.73	3.7	6	1.83		55.82	54.91	6.03	0.06	0.36		0.55	0.91	11.34	0.92		52.18		
枯水期	1	10.19	0	3.6	6	0.59		56.41	56.12	6.13	0.05	0.31		0.56	0.87	10.47		0.28	51.90		
枯水期	2	11.08	7.25	3.7	6		5.87	50.54	53.48	5.93	0.06	0.36		0.53	0.89	17.84		6.76	45.14		
枯水期	3	15.50	13.47	4.1	6		8.07	42.47	46.51	5.28	0.10	0.53		0.47	1.00	24.57		9.07	36.07		
枯水期	4	12.99	10.48	4.5	6		7.99	34.48	38.48	4.47	0.14	0.63		0.38	1.01	21.99		9.00	27.07		
枯水期	5	12.10	10.25	4.7	6		8.85	25.63	30.06	3.39	0.16	0.54		0.30	0.84	21.79		9.69	17.38		
枯水期	6	12.41	7.25	4.8	6		5.64	19.99	22.81	2.42	0.17	0.41		0.23	0.64	18.69		6.28	11.10		
合计		261.90	70.90	36.9	84	113.57	43.47				1.27	6.22		5.53	11.75	203.55	107.50	49.15			

第4章　水库洪水调节中的复杂计算问题

内容导读：水库洪水调节是“水资源规划”的第二大调节计算，其主要目的是确定水库的防洪特征水位、特征库容，计算水库的蓄泄水过程线及最大下泄流量，为水库的规划设计提供依据。本章复杂计算问题涉及以下内容：入库防洪标准的选择；无资料地区入库洪水过程线的推求；泄洪建筑物类型及尺寸的比选；设闸门泄洪建筑物下水库调洪计算。

通过本章的学习，学生应在熟悉水库调洪计算的原理及基本方法的基础上，掌握水库防洪标准和入库洪水过程线的推求，理解泄洪建筑物类型及尺寸的比选方法及过程；掌握有闸门控制不考虑洪水预报情况的水库洪水调节计算。

4.1　水库规模及防洪标准确定

4.1.1　水库防洪计算的任务

在河流上修建水库，通过其调洪作用，拦洪削峰，可减轻甚至消除水库下游地区的洪水灾害。因此，防洪设计中除考虑下游防护对象的防洪要求外，更应确保大坝安全。

根据对水库的防洪要求，在规划设计中，水库防洪计算的主要任务是确定泄洪建筑物型式、尺寸及高程。这应结合水库防洪特征水位、枢纽总体布置一并进行选择。

4.1.2　防洪标准

采取防洪措施必须以一定标准的洪水作为依据，这种标准称为防洪标准。防洪标准常以某洪水的重现期 T 来表示。工程规划设计中，防洪标准分为两类。

（1）保证水工建筑物自身安全的设计标准。

（2）保障下游防护对象免除一定洪水灾害的防洪标准。

水工建筑物的防洪标准又可以分为设计标准（对应于正常运用情况）和校核标准（对应于非常运用情况）。工程遇到设计标准洪水时应能保证正常运用，遇到校核标准洪水时，主要建筑物不得发生破坏，但是允许部分次要建筑物损坏或失效。

我国现行的防洪标准是从2015年5月1日开始实施的《防洪标准》（GB 50201—2014）。现将主要内容分述如下。

1. 水工建筑物的等级和防洪标准

根据水利水电工程的规模（总库容）、效益及其在国民经济中的重要性确定水利水电枢纽的等别，之后根据建筑物所属等别及其在工程中的作用确定水工建筑物的等级，再根据水工建筑物的等级确定防洪标准。

根据《防洪标准》（GB 50201—2014）及水利部颁发《水利水电工程等级划分及洪水标准》（SL 252—2017），将水库、拦河水闸、灌排泵站与引水枢纽工程的等别划分为5

等，见表 4.1。防洪、治涝、供水、灌溉、发电等水利水电枢纽工程等别划分也分为 5 等，等别按表 4.2 规定确定。

表 4.1　　水库、拦河水闸、灌排泵站与引水枢纽工程的等别

工程等别	水库		拦河水闸	灌排泵站		引水枢纽
	工程规模	总库容 /亿 m^3	过闸流量 /(m^3/s)	装机流量 /(m^3/s)	装机功率 /MW	引水流量 /(m^3/s)
Ⅰ	大（1）型	≥10	≥5000	≥200	≥30	≥200
Ⅱ	大（2）型	10～1.0	5000～1000	200～50	30～10	200～50
Ⅲ	中　型	1.0～0.1	1000～100	50～10	10～1	50～10
Ⅳ	小（1）型	0.1～0.01	100～20	10～2	1～0.1	10～2
Ⅴ	小（2）型	0.01～0.001	＜20	＜2	＜0.1	＜2

注　1. 水库总库容指水库最高水位以下的静库容，洪水期基本恢复天然状态的水库总库容采用正常蓄水位以下的静库容。
2. 拦河水闸工程指平原区的水闸枢纽工程，过闸流量为按校核洪水标准泄洪时的水闸下泄流量。
3. 引水枢纽工程包括拦河或顺河向布置的灌溉取水枢纽，引水流量采用设计流量。
4. 灌排泵站工程指灌溉、排水（涝）的提水泵站，其装机流量、装机功率指包括备用机组在内的单站指标；由多级或多座泵站联合组成的泵站系统工程的等别，可按其系统的规模指标确定。

表 4.2　　防洪、治涝、供水、灌溉、发电等工程的等别

工程等别	防洪		治涝	供水			灌溉	发电
	保护城镇及工矿企业重要性	保护农田面积 /万亩	治涝面积 /万亩	供水对象重要性	引水流量 /(m^3/s)	年引水量 /亿 m^3	灌溉面积 /万亩	装机容量 /万 kW
Ⅰ	特别重要	≥500	≥200	特别重要	≥50	≥10	≥150	≥120
Ⅱ	重要	500～100	200～60	重要	50～10	10～3	150～50	120～30
Ⅲ	中等	100～30	60～15	中等	10～3	3～1	50～5	30～5
Ⅳ	一般	30～5	15～3	一般	3～1	1～0.3	5～0.5	5～1
Ⅴ		＜5	＜3		＜1	＜0.3	＜0.5	＜1

注　1. 跨流域、水系、区域的调水工程纳入供水工程统一确定。
2. 供水工程的引水流量指渠首设计引水流量，年引水量指渠首多年平均年引水量。
3. 灌溉面积指设计灌溉面积。

水利水电工程的永久性水工建筑物的级别，根据其所在工程的等别和建筑物的重要性按表 4.3 确定。水利水电工程施工期使用的临时性水工建筑物的级别，应根据保护对象的重要性、失事后果、使用年限和临时性建筑物规模，按表 4.4 确定。

表 4.3　　永久性水工建筑物级别

工程等别	主要建筑物	次要建筑物	工程等别	主要建筑物	次要建筑物
Ⅰ	1	3	Ⅳ	4	5
Ⅱ	2	3	Ⅴ	5	5
Ⅲ	3	4			

表 4.4　　临时性水工建筑物级别

级别	保护对象	失事后果	使用年限/年	规模	
				高度/m	库容/亿 m^3
3	有特殊要求的1级永久性水工建筑物	淹没重要城镇、工矿企业、交通干线或推迟总工期及第一台（批）机组发电，造成重大灾害和损失	>3	>50	>1.0
4	1、2级永久性水工建筑物	淹没一般城镇、工矿企业、或影响工程总工期及第一台（批）机组发电，造成较大经济损失	3～1.5	50～15	1.0～0.1
5	3、4级永久性水工建筑物	淹没基坑，但对总工期及第一台（批）机组发电影响不大，经济损失较小	<1.5	<15	<0.1

水利水电工程永久性水工建筑物的洪水标准分为正常运用（设计）和非常运用（校核）两种情况，应按山区、丘陵区和平原、滨海区分别确定，具体按表4.5～表4.7选定。

表 4.5　　山区、丘陵区水利水电工程永久性水工建筑物洪水标准　　单位：年

项目		水工建筑物级别				
		1	2	3	4	5
设计		1000～500	500～100	100～50	50～30	30～20
校核	土石坝	可能最大洪水或10000～5000	5000～2000	2000～1000	1000～300	300～200
	混凝土坝、浆砌石坝	5000～2000	2000～1000	1000～500	500～200	200～100

表 4.6　　平原区水利水电工程永久性水工建筑物洪水标准　　单位：年

项目		水工建筑物级别				
		1	2	3	4	5
水库	设计	300～100	100～50	50～20	20～10	10
	校核	2000～1000	1000～300	300～100	100～50	50～20
拦河水闸	设计	100～50	50～30	30～20	10	10
	校核	300～200	200～100	100～50	50～30	30～20

表 4.7　　海滨区和潮汐河口段水利水电工程永久性水工建筑物洪水标准　　单位：年

永久性水工建筑物级别	1	2	3	4、5
设计潮水位重现期	≥100	100～50	50～20	20～10

2. 防护对象的防洪标准

不同防护对象的防洪标准根据《防洪标准》，按表4.8～表4.10选用。对于洪水泛滥后可能造成特殊严重灾害的城市、工矿企业和重要粮棉基地，其防洪标准可适当提高，或由国家另作规定；交通运输及其他部门的防洪标准，可参照有关部门规定；防洪标准较高一时难以达到者，可采取分期提高的方法。

表 4.8　　　城市防护区的防洪等级和防洪标准

等级	重要性	常住人口/万人	当量经济规模/万人	防洪标准（重现期）/年
Ⅰ	特别重要	≥150	≥300	≥200
Ⅱ	重要	150～50	300～100	200～100
Ⅲ	比较重要	50～20	100～40	100～50
Ⅳ	一般	＜20	＜40	50～20

注　当量经济规模为城市防护区人均 GDP 指数与人口的乘积，人均 GDP 指数为城市防护区人均 GDP 与同期全国人均 GDP 的比值。

表 4.9　　　乡村防护区的等级和防洪标准

等　级	防护区人口/万人	防护区耕地面积/万亩	防洪标准（重现期）/年
Ⅰ	≥150	≥300	100～50
Ⅱ	150～50	300～100	50～30
Ⅲ	50～20	100～30	30～20
Ⅳ	＜20	＜30	20～10

注　人口密集、乡镇企业较发达或农作物高产的乡村防护区，其防洪标准可提高；地广人稀或淹没损失较小的乡村防护区，其防洪标准可降低。

表 4.10　　　工矿企业的等级和防洪标准

等　级	工矿企业规模	防洪标准（重现期）/年
Ⅰ	特大型	200～100
Ⅱ	大型	100～50
Ⅲ	中型	50～20
Ⅳ	小型	20～10

注　各类工矿企业的规模按国家现行规定划分。

案例 4.1： 某新设计水库主要任务是发展农业灌溉、补充城镇供水、改善下游河道生态环境（同案例 3.6 和案例 3.7）。其中，控制灌溉面积为 3908 亩，设计保证率 50% 年份对应的灌溉水量为 70.90 万 m^3，补充下游河道 56.83 万 m^3，供县城生活、生产用水 84 万 m^3。试选择该水库的主要建筑物的防洪标准。

解： 案例 3.7 计算结果可知，该水库正常蓄水位以下对应的库容 $V_{正}$ 为 68.71 万 m^3，参考类似水库总库容与 $V_{正}$ 的比值大小（该区域为 1.4～1.7，取均值 1.55），可以估算出该设计水库的总库容约为 106 万 m^3，根据国家标准《防洪标准》（GB 50201—2014）及水利部颁发《水利水电工程等级划分及洪水标准》（SL 252—2017），该水库为小（1）型，工程等别为Ⅳ等，主要建筑物为 4 级，次要建筑物为 5 级。

该水库规模较小，从地形地质条件看，坝址处河谷宽浅，且左右岸不对称，右岸覆盖层最大厚度为 35m，不宜修建拱坝、重力坝，可修建土石坝。查表 4.4 可知，挡水大坝4级建筑物设计标准洪水重现期为30～50年，校核标准洪水重现期为300～1000年，由于该水库规模为小（1）型，因此防洪标准在4级建筑物中按照就低原则取值，即水库设计洪水标准为30年一遇，校核洪水标准为300年一遇。

4.2 水库调洪计算方法中的复杂问题

4.2.1 水库调洪计算的原理

水库调洪计算的原理是逐时段地联立求解水库的水量平衡方程和水库的蓄泄方程 $q=f(V)$，求出该次洪水的蓄泄过程（$V-t$ 与 $q-t$）。

1. 水库水量平衡方程

对调洪过程中任一时段 $\Delta t(\Delta t=t_2-t_1)$，进入某水库的水量与输出该水库水量之差必等于该时段内水库蓄水量的变化量，用式（4.1）和式（4.2）表示，称为水库的水量平衡方程。

$$\overline{Q}\Delta t-\overline{q}\Delta t=\Delta V \tag{4.1}$$

$$\frac{Q_1+Q_2}{2}\Delta t-\frac{q_1+q_2}{2}\Delta t=V_2-V_1 \tag{4.2}$$

式中 Q_1、q_1——时段初入库、出库流量，m^3/s；

Q_2、q_2——时段末入库、出库流量，m^3/s；

V_1、V_2——时段初、末水库蓄水量，m^3。

2. 水库蓄泄方程

（1）泄流方程。若水库泄洪建筑物为无闸门表面泄洪道，其泄流量可按水力学中堰流公式计算，即

$$q_1=\varepsilon mB\sqrt{2g}h_1^{\frac{3}{2}} \tag{4.3}$$

式（4.3）可化简为

$$q_1=M_1Bh_1^{\frac{3}{2}} \tag{4.4}$$

式中 B——溢洪道堰顶宽度，m；

h_1——堰上水头，m；

m——流量系数；

ε——侧收缩系数；

M_1——堰流系数；

g——重力加速度，m/s^2。

若为底孔泄流，则泄流公式为

$$q_2=\mu\omega\sqrt{2gh_2} \tag{4.5}$$

式（4.5）可化简为

$$q_2=M_2\omega h_2^{\frac{1}{2}} \tag{4.6}$$

式中　ω——孔口出流面积，m^2；

h_2——孔口中心水头，m；

μ——孔口出流系数。

M_2——综合流量系数。

（2）蓄泄方程。由泄流公式可以看出，下泄流量与水头呈函数关系，而水头又与水位呈函数关系，即下泄流量 q 与水位 Z 存在某一函数关系，结合水库 $Z-V$ 特性曲线，即可求出下泄流量 q 与水库库容 V 的函数式，称为蓄泄方程，即

$$q=f(V)$$

于是，可列出以下联立方程组

$$\left.\begin{aligned}\frac{Q_1+Q_2}{2}\Delta t-\frac{q_1+q_2}{2}\Delta t=V_2-V_1\\ q=f(V)\end{aligned}\right\} \tag{4.7}$$

4.2.2　方程的求解

方程组（4.7）概括了水库防洪调节计算的基本原理。进行调洪计算，实质上是求解这个方程组。水量平衡方程式中 Q_1、Q_2 已知（由设计洪水过程线可查出），而 q_1 和 V_1 根据水库调洪计算的起始条件确定（如从防洪限制水位起调，溢洪道堰顶与该水位齐平），所以只需要求解 q_2 和 V_2 两个参数。当该阶段 q_2 和 V_2 得出后即可作为下一阶段的初始下泄流量和库容，如法炮制即可求得 $V-t$ 曲线与 $q-t$ 曲线。

利用上述方程组进行调洪计算的具体方法有很多种，目前我国常用的是列表试算法、半图解法、简化三角形法。以下以列表试算法为例解释说明。

4.2.3　列表试算法

直接通过联解水量平衡方程和蓄泄方程解析求解出蓄泄水过程很困难，而利用列表试算法可逐时段求得水库的蓄水量和下泄流量。这种结合列表计算来试算方程组公共解的方法称为列表试算法。其步骤如下。

（1）引用某一频率的洪水过程线 $Q-t$，选取合适的计算时段 Δt，摘录出 Q_1、Q_2、Q_3…。

（2）确定调洪计算的起调水位 $Z_{初}=Z_1$、$V_{初}=V_1$、$q_{初}=q_1$。

（3）根据 $q=f(h)$、$Z=f(h)$ 及 $V=f(Z)$ 求解并绘制蓄泄方程 $q=f(V)$ 曲线。

（4）假定 $q_2=c$（c 为假定的某一具体常数值），由 $\frac{Q_1+Q_2}{2}\Delta t-\frac{q_1+q_2}{2}\Delta t=V_2-V_1$ 求得 V_2，根据 $q=f(V)$ 曲线查得 $q_{2查}$，若 $q_{2查}\neq q_2=c$，则重新假定 q_2，直到两者相等为止。

（5）将 q_2 作为第2时段初的泄流量，再假定并试算求解第2时段末的泄流量。如法炮制可求得 $q-t$。

（6）将 $Q-t$ 与 $q-t$ 过程线绘制在同一张坐标纸上，若计算得 $q_{m甲x}$ 正好为两曲线的交点，说明计算得的 $q_{m甲x}$ 正确，否则说明 $q_{m甲x}$ 附近 Δt 时段选取过长，应缩小 Δt 重新试算，直至 $q_{m甲x}$ 正好为两曲线的交点。

（7）用 $q_{\text{m甲x}}$ 查 $q=f(V)$ 曲线得到对应的 $V_{\text{总m甲x}}$，查 $V=f(Z)$ 曲线得 $Z_{\text{m甲x}}$，利用公式 $V_{\text{需m甲x}}=V_{\text{总m甲x}}-V_{\text{初}}$ 可求得本次调洪所需的库容。

案例 4.2：某大（2）型水库为综合利用型水库，挡水大坝采用土石坝，库区水位容积关系见表 4.11，水库设有引水式水电站 1 座，汛期按水轮机过水能力 $Q_{\text{电}}=20\text{m}^3/\text{s}$ 引水发电，经兴利调节求出正常蓄水位为 116m。求水库设计洪水位和拦洪库容。

表 4.11　　水库水位-容积关系曲线

库水位 Z/m	75	80	85	90	95	100	105
库容 $V/10^6\text{m}^3$	0.5	4.9	10	26	45	80	119
库水位 Z/m	110	115	118	120	122	124	126
库容 $V/10^6\text{m}^3$	180	234	276	307	345	378	423

解：（1）设计标准洪水过程线推求。该水库为山区河道水库，大（2）型，挡水大坝为永久建筑物中的主要建筑物，建筑物级别为 2 级，查表 4.5 可得挡水土石坝设计标准洪水重现期 T 为 100～500 年，由于该工程的综合利用功能无特殊重要性，故取 $T=100$ 年，$P=1\%$。查坝址上游 5km 处水文站（坝轴线至水文站间无支流汇入，其径流资料可代表坝址位置径流）实测洪水经验频率曲线，得出 $Q_{\text{m}}=840\text{m}^3/\text{s}$，具体设计标准洪水过程线见表 4.12。

表 4.12　　水库设计标准洪水过程线（T=100 年，P=1%）

时间 t/h	0	2	4	6	8	10	12	14	16	18	20	22
流量 $Q/(\text{m}^3/\text{s})$	20	28	40	67	100	158	230	345	480	590	700	770
时间 t/h	24	26	28	30	32	34	36	38	40	42	44	46
流量 $Q/(\text{m}^3/\text{s})$	840	785	730	640	560	505	460	390	340	300	260	235
时间 t/h	48	50	52	54	56	58	60	62	64	66	68	
流量 $Q/(\text{m}^3/\text{s})$	210	180	158	140	120	102	81	65	45	28	20	

（2）确定调洪计算初始值。经方案比较论证，该水库泄洪建筑物采用不设闸门的表面溢洪道，其堰顶高程与防洪限制水位、正常蓄水位齐平，为 116m，初始库容等于 $248\times10^6\text{m}^3$。

（3）方案比较确定泄流建筑物尺寸。通过溢洪道堰顶宽度 $B=40\text{m}$、42m、45m、48m、50m 五个方案比较分析，得出经济溢洪道堰顶宽度 $B=45\text{m}$，堰流系数 $M_1=1.6$。已知起调水位等于 116m，可计算绘制蓄泄方程 $q=f(V)$ 关系曲线表（表 4.13）。

表 4.13　　$q=f(V)$ 关系曲线计算表

库水位 Z/m	116	118	120	122	124	126
堰顶水头 H/m	0	2	4	6	8	10
溢洪道泄量 $q_{\text{溢}}/(\text{m}^3/\text{s})$	0.0	203.6	576.0	1058.2	1629.2	2276.8
发电洞泄量 $q_{\text{电}}/(\text{m}^3/\text{s})$	20	20	20	20	20	20
泄流能力 $q/(\text{m}^3/\text{s})$	20.0	223.6	596.0	1078.2	1649.2	2296.8
库容 $V/10^6\text{m}^3$	248	276	307	345	378	423

（4）用列表试算法进行水库调洪计算。引用水库设计标准（$T=100$ 年，$P=1\%$）洪水过程线（表 4.12）数据，为减少计算工作量，取 $\Delta t=4\text{h}$ 进行计算，结果见表 4.14。

表 4.14　　水库设计标准洪水调洪计算表

时间 t/h	时段间隔 Δt/h	入库流量 /(m^3/s)	入库流量时段平均值 /(m^3/s)	入库水量 /$10^4 m^3$	下泄流量 /(m^3/s)	下泄流量时段平均值 /(m^3/s)	下泄水量 /$10^4 m^3$	蓄水量 /$10^6 m^3$	水位 /m
0		20			20.00			248.00	116.00
4	4	40	30	0.43	21.00	20.50	0.30	248.14	116.01
8	4	100	70	1.01	25.87	23.44	0.34	248.81	116.06
12	4	230	165	2.38	39.71	32.79	0.47	250.71	116.19
16	4	480	355	5.11	71.09	55.40	0.80	255.03	116.50
20	4	700	590	8.50	122.72	96.91	1.40	262.13	117.01
24	4	840	770	11.09	187.12	154.92	2.23	270.98	117.64
28	4	730	785	11.30	260.42	223.77	3.22	279.06	118.20
32	4	560	645	9.29	321.65	291.04	4.19	284.16	118.53
36	4	460	510	7.34	351.64	336.65	4.85	286.66	118.69
40	4	340	400	5.76	359.34	355.49	5.12	287.30	118.73
44	4	260	300	4.32	349.89	354.62	5.11	286.51	118.68
48	4	210	235	3.38	331.60	340.75	4.91	284.99	118.58
52	4	158	184	2.65	308.10	319.85	4.61	283.03	118.45
56	4	120	139	2.00	281.17	294.64	4.24	280.79	118.31
60	4	81	100.5	1.45	252.41	266.79	3.84	278.40	118.15
64	4	45	63	0.91	222.76	237.59	3.42	275.88	117.99
68	4	20	32.5	0.47	203.83	213.30	3.07	273.28	117.81

（5）将求得泄流过程 $q-t$ 与 $Q-t$ 过程线绘制在同一张坐标纸上，可以看出初始计算的 $q_m=359.34m^3/s$ 与两曲线的交点重合，说明计算得的 q_m 是准确的值，无需调整（缩小）时段重新计算。

（6）由 $q_m=359.34m^3/s$，查表 4.14 可以得出对应的 $V_{总m}=287.30\times10^6 m^3$，$Z_m=118.73m$，即按照设计洪水过程线计算所得水库设计洪水位为 118.73m；利用公式 $V_{需m}=V_{总m}-V_{初}$ 可求得拦洪库容为 $39.30\times10^6 m^3$。

不设闸门水库设计标准洪水入库流量过程线和下泄流量过程线见图 4.1。

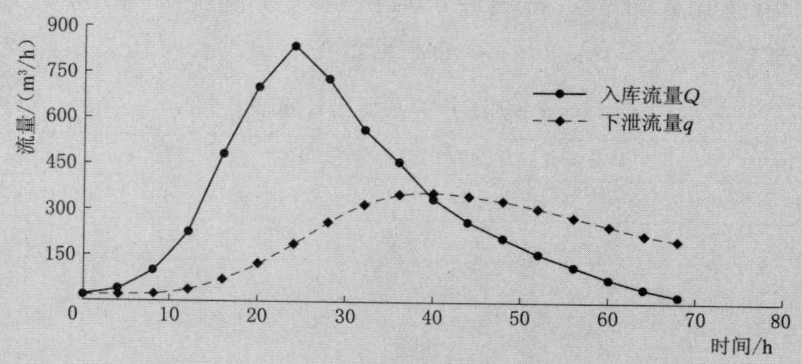

图 4.1　不设闸门水库设计标准洪水入库流量过程线与下泄流量过程线

4.2.4　有闸门控制的水库防洪水利计算

无闸门控制泄洪设施（溢洪道、泄洪隧洞等）调洪计算可按照 4.2.3 列表试算法等直接求解，但通常无闸门控制的溢洪道泄流能力有限，调节洪水的效能较低，在设计上又不能使兴利库容与防洪库容结合运用，所以，比较大的，特别是下游有防洪任务的水库通常都选用有闸门控制的泄洪设备。

有闸溢洪道或泄洪隧洞泄流，随着闸门的启闭，有时属控制泄流，有时属闸门全开的自由泄流；另外，还要考虑非常泄洪设施的运用，因此，调洪计算时，应先根据下游防洪、非常泄洪和是否有可靠的洪水预报等情况拟定调洪方式，即定出各种条件下启闭闸门和启用非常泄洪设施的规则，调洪计算则依此进行。

不同的水库运用方式，要求闸门有不同的启闭过程。水库运用方式变化很多，不可能一一举例。下面举一个常见的例子，说明利用闸门控制 q 的水库调洪过程，以供参考。

（1）设想在一个设闸门溢洪道水库上发生一次大洪水，涨洪开始时起调水位为 $Z_{限}$，初始阶段 $Q<q_{限}$（$q_{限}$为 $Z_{限}$时的溢洪道泄流能力），为保持库水位不变，确保兴利要求，应控制闸门开度，按 $q=Q$ 下泄。

（2）随着 Q 的增大，$Q>q_{限}$，库水位上升 $Z_{限}-Z_{防}$，但闸的下泄能力小于下游允许泄量 $q_{允}$，为在保证下游安全的条件下尽快排洪，应使闸门全开自由泄流，但到下泄能力达到 $q_{允}$，则应关小闸门，按 $q=q_{允}$下泄。

（3）由于 Q 持续大于 $q_{允}$，库水位不断上升，当超过 $Z_{防}$时，说明这次洪水超过了下游防洪标准，不能再保下游了，应该把保大坝作为调洪的目标，故又一次闸门全开自由泄流。

（4）若如此操作库水位仍然上涨，当到了 $Z_{启}$，且有继续上涨的趋势时，说明入库的洪水超过了启用非常泄洪设施标准，此时应使非常泄洪设施即刻投入运行，与设闸溢洪道和泄洪洞（如果有的话）一起排洪，全力以赴，确保大坝安全。

案例 4.3：某新设计水库主要任务是发展农业灌溉、补充城镇供水、改善下游河道生态环境（同案例 4.1），已确定出水库属小（1）型，工程等别为Ⅳ等，主要建筑物为 4 级，水库设计标准洪水为 30 年一遇，校核标准洪水为 300 年一遇。求该水库的设计洪水位和校核洪水位。

解：（1）设计和校核标准洪水过程线推求。

由于该水库所属流域属于无实测水文资料地区，故设计洪水计算只能根据暴雨资料计算，一般采用水文比拟法、瞬时单位线法、推理公式法和经验公式法。本次洪水计算采用以上方法进行计算，并择优选择。

1）水文比拟法。根据调查邻近流域 A 水文站距坝址约 18km，流域产流地类为变质岩森林山地，本流域产流地类中变质岩森林山地占 98%，变质岩灌丛山地占 2%，两者比较相似，因此可作为参证流域。根据《山西省水文计算手册》（2011 年 3 月）查得 A 水文站的不同频率洪峰流量设计值，采用水文比拟法推求本区域的洪峰流量，A 水文站控制流域面积 $13.9km^2$，30 年一遇及 300 年一遇洪水洪峰流量分别为 $57.0m^3/s$ 和 $130m^3/s$。

计算采用下列公式：

$$Q_{P,设}=K_H K_A Q_{P,参}$$

其中
$$K_A=\frac{A_{设}^{N_{设}}}{A_{参}^{N_{参}}}=\frac{A_{设}^{N_1 A_{设}^{-\beta}}}{A_{参}^{N_1 A_{参}^{-\beta}}};K_H=\frac{S_{P,设}^0}{A_{参}^{S_{P,参}^0}}$$

式中　$Q_{P,设}$——设计流域的设计洪峰流量，m^3/s；

$Q_{P,参}$——参证流域的设计洪峰流量，m^3/s；

K_A——面积比拟系数；

$A_{设}$——设计流域的面积，km^2；

$A_{参}$——参证流域的面积，km^2；

K_H——雨力比拟系数；

$S_{P,设}^0$——设计流域的定点设计雨力的面平均值，$S_{P,设3.33\%}^0=73.7mm/h$，$S_{P,设0.33\%}^0=113.7mm/h$；

$S_{P,参}^0$——参证流域的定点设计雨力的面平均值，$S_{P,参3.33\%}^0=64.12mm/h$，$S_{P,参0.33\%}^0=97.72mm/h$；

N_1、β——地区经验公式的经验参数，其中 $N_1=0.92$，$\beta=0.05$；

$N_{设}$——设计流域的面积指数；

$N_{参}$——参证流域的面积指数。

计算得，设计流域 30 年一遇及 300 年一遇洪峰流量分别为 $85.2m^3/s$ 和 $208.8m^3/s$，列入表 4.15。

2）其他方法。采用瞬时单位线法、推理公式法和经验公式法依次推求，参考《手册》计算过程，推求出水库的洪峰流量，成果见表 4.15。

表 4.15　洪峰流量计算结果　　单位：m^3/s

频率	水文比拟法	瞬时单位线法	推理公式法	经验公式法
3.33%	85.2	185.5	411.8	147.7
0.33%	208.8	343.4	729.5	345.5

从表 4.15 可以看出，推理公式法和其他 3 种方法结果相差较大，本次设计不采用，水文比拟法计算结果偏小，瞬时单位线法和经验公式法结果相近，出于安全以及公式中对下垫面因素的考虑，采用瞬时单位线法的计算成果。

3）设计洪水过程线推求。在推求出设计洪峰流量的基础上，按照《工程水文学》中的方法推求设计净雨过程线，并对设计净雨进行汇流计算，即得出各频率下的洪水过程线，分别见表 4.16 和表 4.17，时段间隔为 0.25h。

（2）确定泄水建筑物类型、尺寸及调洪计算的起调水位。

该土石坝水库主要泄水建筑物为左岸泄洪洞和溢洪道。由于地形条件及下游河道过流量限制，泄洪洞径和溢洪道堰宽是未知参数，其取值大小会影响大坝坝高及工程投资，

表 4.16 $P=3.33\%$的洪水过程线

时 段	流量/(m^3/s)	时 段	流量/(m^3/s)
1	0.00	25	22.03
2	0.14	26	18.33
3	7.00	27	14.94
4	16.16	28	12.03
5	26.46	29	9.58
6	38.11	30	7.47
7	56.88	31	4.79
8	143.83	32	3.45
9	181.19	33	2.57
10	185.54	34	1.99
11	172.21	35	1.53
12	154.40	36	1.17
13	136.27	37	0.88
14	119.18	38	0.66
15	103.62	39	0.49
16	89.74	40	0.36
17	77.51	41	0.26
18	66.80	42	0.18
19	57.46	43	0.12
20	49.34	44	0.08
21	42.28	45	0.05
22	36.14	46	0.03
23	30.79	47	0.01
24	26.12	48	0.00

表 4.17 $P=0.33\%$的洪水过程线

时 段	流量/(m^3/s)	时 段	流量/(m^3/s)
1	0.00	13	3.86
2	0.77	14	5.84
3	1.71	15	8.17
4	2.65	16	10.42
5	3.55	17	12.54
6	3.56	18	14.52
7	3.40	19	16.39
8	3.27	20	18.17
9	3.23	21	19.90
10	3.27	22	21.58
11	3.40	23	23.27
12	3.59	24	24.97

续表

时　段	流量/(m^3/s)	时　段	流量/(m^3/s)
25	26.71	56	15.83
26	40.48	57	12.44
27	57.81	58	11.06
28	76.58	59	10.32
29	97.24	60	9.76
30	130.21	61	9.27
31	281.18	62	9.59
32	341.64	63	9.98
33	343.39	64	10.23
34	314.78	65	10.33
35	280.05	66	8.92
36	246.41	67	7.31
37	211.59	68	5.87
38	188.98	69	4.64
39	165.69	70	3.67
40	145.69	71	2.88
41	128.61	72	2.25
42	114.04	73	1.74
43	101.62	74	1.37
44	91.00	75	1.07
45	81.91	76	0.84
46	73.90	77	0.66
47	66.97	78	0.49
48	60.93	79	0.36
49	55.61	80	0.26
50	48.42	81	0.19
51	39.84	82	0.12
52	34.14	83	0.07
53	29.71	84	0.03
54	24.80	85	0.00
55	19.97		

需通过方案比较择优选择，即根据泄洪洞不同洞径与溢洪道不同堰宽进行方案比选后拟定得出最经济泄洪建筑物尺寸。初步拟定 3 种不同的洞径和堰宽方案进行调洪计算，具体方案见表 4.18。

表 4.18　　调洪计算成果表

方案	孔口尺寸 宽×高/(m×m)	洞内径 D/m	进口高程 /m	出口高程 /m	堰宽 B /m	堰顶高程 Z_0/m	综合流量 系数
方案一	2×2	2	693	691.5	20	713.80	0.385
方案二	2.8×2.8	2.8	693	691.5	15.8	713.80	0.385
方案三	3×3	3	693	691.5	13.5	713.80	0.385

根据兴利调节计算，已确定水库正常蓄水位为 713.8m（案例 4.1）。溢洪道采用正槽宽顶堰，无闸控制，堰顶高程与正常蓄水位齐平，即 713.80m，流量系数取 0.385，其泄流能力按下式计算：

$$Q=MB\sqrt{2g}H_0^{1.5}$$

式中　Q——流量，m^3/s；

M——流量系数；

B——堰顶宽度，m；

H_0——计入行时流速的堰上水头，m；

g——重力加速度，m/s^2。

泄洪隧洞为一孔，采用有压流方式，进口段底板高程为 693.0m，纵坡 $I=0$，采用整体式钢筋混凝土矩形断面；隧洞洞身段为有压洞，洞径选取 3 个方案（表 4.18），设计纵坡 $i=1/110$；之后接渐变段，由圆形断面渐变为矩形断面，底板高程为 691.5m；最后为闸室段，采用矩形断面。其过流能力计算由以下公式计算：

$$Q=\mu\omega\sqrt{2g(T_0-h_p)}$$

其中

$$\mu=\frac{1}{\sqrt{1+\Sigma\zeta_i\left(\frac{\omega}{\omega_i}\right)+\Sigma\frac{2gl_i}{C_i^2R_i}\left(\frac{\omega}{\omega_i}\right)^2}}$$

式中　ω——隧洞出口断面面积，m^2；

T_0——上游水面与隧洞出口底板高程差及上游行进水头之和，m；

h_p——隧洞出口断面水流的平均单位势能，m；

μ——流量系数；

ζ_i——隧洞第 i 段上的局部能量损失系数，与之相对应的流速所在的断面面积为 ω_i；

l_i——隧洞第 i 段的长度，与之相应的断面面积、水力半径和谢才系数分别为 ω_i、R_i 和 C_i。

以方案二为例，泄洪洞进口断面为矩形，2.8m×2.8m，洞内径 2.8m，出口断面为矩形，2.3m×2.3m，出口闸门控制，出口底高程为 691.5m，推求得出流量系数 $\mu=0.6268$，则溢洪道和泄洪洞 2 个泄水建筑物组合的泄流能力见表 4.19。

表 4.19　　水位泄量关系表

水位/m	泄量/(m³/s)			水位/m	泄量/(m³/s)		
	溢洪道	泄洪洞	总泄量		溢洪道	泄洪洞	总泄量
694	0	6.6	6.6	708	0	55.3	55.3
695	0	16.1	16.1	709	0	57.3	57.3
696	0	21.8	21.8	710	0	59.1	59.1
697	0	26.3	26.3	711	0	60.9	60.9
698	0	30.1	30.1	712	0	62.7	62.7
699	0	33.5	33.5	713	0	64.4	64.4
700	0	36.6	36.6	713.80	0	65.7	65.7
701	0	39.4	39.4	714	1.6	66	67.6
702	0	42.1	42.1	715	33.2	67.6	100.8
703	0	44.5	44.5	715.64	64.5	68.6	133.1
704	0	46.9	46.9	716	84.9	69.2	154.1
705	0	49.2	49.2	716.05	87.9	69.3	157.2
706	0	51.3	51.3	717	150.6	70.7	221.3
707	0	53.4	53.4	717.97	226.5	72.2	298.7

同理，可计算出其他方案溢洪道和泄洪洞组合的泄流能力，并引用大坝设计、校核标准洪水过程线，用简化三角形法进行调洪计算（方案比较阶段，小型水库可采用该方法），求出 3 个方案对应的设计洪水位、校核洪水位及最大下泄流量 q_{mi} 等，见表 4.20。由校核洪水位等估算出大坝的投资（含淹没投资）及运行费，以 S_{Vi} 表示；由 q_{mi} 计算溢洪道、消能设施造价、下游堤防建设投资及运行费，以 S_{qi} 表示，则总费用 $S_i=S_{Vi}+S_{qi}$，由总费用最小 S_{min} 可选出最经济的溢洪道宽度泄洪洞内径，即方案二总投资 5568.54 万元最少，该方案（堰顶宽度 15.8m 溢洪道＋洞径 2.8m 泄洪隧洞）最优，不同方案对应的投资估算见表 4.21。

表 4.20　　调洪计算成果表

组合	孔口尺寸 宽×高/(m×m)	洞内径 D/m	堰宽 /m	最大泄量 q_m/(m³/s)	校核洪水位 /m
方案一	2×2	2	20	310.6	718
方案二	2.8×2.8	2.8	15.8	293.96	717.97
方案三	3×3	3	13.5	289.82	718.02

表 4.21　　泄洪洞不同方案对应的投资估算表

参　数	方案一	方案二	方案三
洞身内径/m	2	2.8	3
洞口尺寸/(m×m)	2×2	2.8×2.8	3×3
堰宽/m	20	15.8	13.5
泄洪洞投资/万元	556.37	581.66	659.41

续表

参　数	方案一	方案二	方案三
溢洪道投资/万元	1440.21	1195.31	1176.40
大坝投资/万元	3650.52	3791.57	3986.53
总费用合计/万元	5647.1	5568.54	5822.34

（3）确定泄洪建筑物运行方案与蓄泄方程关系求解。当天然来水量小于溢洪道和泄洪隧洞两泄水建筑物泄流能力时，泄洪洞与溢洪道共同工作，控制泄洪洞闸门开度，使下泄流量等于天然来水量，保持汛限水位；当入库洪水流量大于泄流能力时，泄洪洞闸门全开，相当于不设闸门的自由泄流，调节出的水库最高水位为相应洪水频率下的洪水位。

由表4.19水位泄量关系表和表3.12水库水位-面积-库容关系表，计算出蓄泄关系表4.22。

表4.22　水库蓄泄关系表

库容/万 m^3	1.47	2.21	2.94	4.02	5.10	6.63	8.15	10.17	12.18	14.67
总泄量/(m^3/s)	6.6	16.1	21.8	26.3	30.1	33.5	36.6	39.4	42.1	44.5
库容/万 m^3	17.16	20.42	23.68	27.98	32.27	37.55	42.83	49.10	55.36	62.77
总泄量/(m^3/s)	46.9	49.2	51.3	53.4	55.3	57.3	59.1	60.9	62.7	64.4
库容/万 m^3	68.71	70.18	78.99	84.63	87.80	88.33	98.42	108.72	109.04	121.96
总泄量/(m^3/s)	65.7	67.6	100.8	133.1	154.1	157.2	221.3	297.5	300.1	388.6

（4）采用列表试算法进行调洪计算——求水库设计洪水位。引用水库设计标准（T=30年，P=3.33%）洪水过程线表4.16数据，为减少计算工作量，取Δt=0.5h进行计算，结果见表4.23。当起调水位为713.80m时，水库溢洪道和泄洪隧洞两泄水建筑物泄流能力为65.7m^3/s；而t=0～1.5h时，天然来水量小于起调水位对应的水库泄流能力，故控制泄洪洞闸门开度，使下泄流量等于天然来水量，保持水位等于正常蓄水位（堰顶高程）。t=2h开始，入库洪水流量大于泄流能力，泄洪洞闸门全开尽快泄洪，此时按照列表试算法试算求得各时刻下泄流量q。当水位达到峰值并开始降至起调水位附近时，控制闸门开度，按照入库流量下泄，确保水位消落至713.80m。

表4.23　P=3.33%洪水调节计算表

时间t /h	时段Δt /h	入库流量Q /(m^3/s)	入库流量时段平均值 /(m^3/s)	入库水量 /万 m^3	下泄流量 q/(m^3/s)	下泄流量时段平均值 /(m^3/s)	下泄水量 /万 m^3	水库蓄水量 /万 m^3	水库水位 /m
0.0		0.00			0.00			68.71	713.80
0.5	0.5	7.00	3.50	0.63	7.00	3.50	0.63	68.71	713.80
1.0	0.5	26.46	16.73	3.01	26.46	16.73	3.01	68.71	713.80
1.5	0.5	56.88	41.67	7.50	56.88	41.67	7.50	68.71	713.80
2.0	0.5	181.19	119.04	21.43	92.23	74.56	13.42	76.72	714.74

续表

时间 t /h	时段 Δt /h	入库流量 Q /(m^3/s)	入库流量时段平均值 /(m^3/s)	入库水量 /万 m^3	下泄流量 q/(m^3/s)	下泄流量时段平均值 /(m^3/s)	下泄水量 /万 m^3	水库蓄水量 /万 m^3	水库水位 /m
2.5	0.5	172.21	176.70	31.81	148.09	120.16	21.63	86.89	715.90
2.75	0.25	154.40	163.31	14.70	155.08	151.59	13.64	87.95	716.01
3.0	0.25	136.27	145.34	13.08	150.60	152.84	13.76	87.27	715.94
3.5	0.5	103.62	119.95	21.59	128.19	139.40	25.09	83.77	715.54
4.0	0.5	77.51	90.57	16.30	102.60	115.40	20.77	79.30	715.04
4.5	0.5	57.46	67.49	12.15	84.35	93.48	16.83	74.62	714.50
5.0	0.5	42.28	49.87	8.98	70.41	70.41	12.67	70.93	714.08
5.5	0.5	30.79	36.54	6.58	29.05	49.73	8.95	68.55	713.78
6.0	0.5	22.03	26.41	4.75	22.03	25.54	4.60	68.71	713.80
6.5	0.5	14.94	18.49	3.33	14.94	18.49	3.33	68.71	713.80
7.0	0.5	9.58	12.26	2.21	9.58	12.26	2.21	68.71	713.80
7.5	0.5	4.79	7.19	1.29	4.79	7.19	1.29	68.71	713.80
8.0	0.5	2.57	3.68	0.66	2.57	3.68	0.66	68.71	713.80
8.5	0.5	1.53	2.05	0.37	1.53	2.05	0.37	68.71	713.80
9.0	0.5	0.88	1.21	0.22	0.88	1.21	0.22	68.71	713.80
9.5	0.5	0.49	0.69	0.12	0.49	0.69	0.12	68.71	713.80
10.0	0.5	0.26	0.38	0.07	0.26	0.38	0.07	68.71	713.80
10.5	0.5	0.12	0.19	0.03	0.12	0.19	0.03	68.71	713.80
11.0	0.5	0.05	0.09	0.02	0.05	0.09	0.02	68.71	713.80
11.5	0.5	0.01	0.03	0.01	0.01	0.03	0.01	68.71	713.80
12.0	0.5	0.00	0.01	0.00	0.00	0.01	0.00	68.71	713.80

将求得泄流过程 $Q-t$ 与 $q-t$ 过程线绘制在同一张坐标纸上（图4.2），可以看出初始计算得的 $q_m=150.60m^3/s$ 与两曲线的交点不重合，说明计算得的 q_m 附近计算时段0.5h选取过长，应缩小 Δt 重新试算，将 Δt 时段缩小至0.25h后，试算得出 $q_m=155.08m^3/s$，正好为两曲线的交点。

由 $q_m=155.08m^3/s$，查表4.23可以得出对应的 $V_{总m}=87.95$ 万 m^3，$Z_m=716.01m$，即按照设计洪水过程线计算所得水库设计洪水位为716.01m；利用公式 $V_{需m}=V_{总m}-V_{初}$ 可求得拦洪库容为28.62万 m^3。

（5）计算水库校核洪水位。引用水库校核标准（$T=300$ 年，$P=0.33\%$）洪水过程线（表4.17数据），取 $\Delta t=0.5h$ 进行计算，结果见表4.24。将求得泄流过程 $Q-t$ 与 $q-t$ 过程线绘制在同一张坐标纸上（图4.3），可以看出初始计算的 $q_m=296.17m^3/s$ 与两曲线的交点重合，说明计算得的 $q_m=296.17m^3/s$ 准确，同时得到 $V_{总m}=108.54$ 万 m^3，$Z_m=717.95m$，即按照校核洪水过程线计算所得水库总库容为108.54万 m^3，校核洪水位为717.95m；利用公式 $V_{需m}=V_{总m}-V_{初}$ 可求得水库调洪库容为49.21万 m^3。

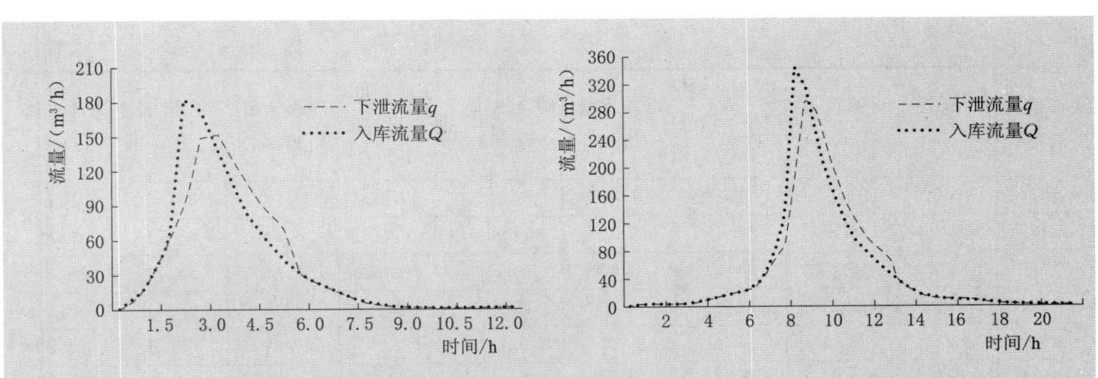

图 4.2　设计标准洪水过程线与下泄流量过程线　　图 4.3　校核标准洪水过程线与下泄流量过程线

表 4.24　　$P=0.33\%$洪水调节计算表

时间 t /h	时段 Δt /h	入库流量 /(m³/s)	入库流量时段平均值 /(m³/s)	入库水量 /万 m³	下泄流量 /(m³/s)	下泄流量时段平均值 /(m³/s)	下泄水量 /万 m³	水库蓄水量 /万 m³	水库水位 /m
0.0		0.00			0.00			68.71	713.80
0.5	0.5	1.71	0.86	0.15	1.71	0.86	0.15	68.71	713.80
1.0	0.5	3.55	2.63	0.47	3.55	2.63	0.47	68.71	713.80
1.5	0.5	3.40	3.48	0.63	3.40	3.48	0.63	68.71	713.80
2.0	0.5	3.23	3.32	0.60	3.23	3.32	0.60	68.71	713.80
2.5	0.5	3.23	3.23	0.58	3.23	3.23	0.58	68.71	713.80
3.0	0.5	3.59	3.41	0.61	3.59	3.41	0.61	68.71	713.80
3.5	0.5	5.84	4.72	0.85	5.84	4.72	0.85	68.71	713.80
4.0	0.5	10.42	8.13	1.46	10.42	8.13	1.46	68.71	713.80
4.5	0.5	14.52	12.47	2.24	14.52	12.47	2.24	68.71	713.80
5.0	0.5	18.17	16.35	2.94	18.17	16.35	2.94	68.71	713.80
5.5	0.5	21.58	19.88	3.58	21.58	19.88	3.58	68.71	713.80
6.0	0.5	24.97	23.28	4.19	24.97	23.28	4.19	68.71	713.80
6.5	0.5	40.48	32.73	5.89	40.48	32.73	5.89	68.71	713.80
7.0	0.5	76.58	58.53	10.54	65.74	53.11	9.56	69.69	713.93
7.5	0.5	130.21	103.40	18.61	84.81	75.28	13.55	74.75	714.52
8.0	0.5	341.64	235.93	42.47	185.90	135.36	24.36	92.85	716.48
8.5	0.5	314.78	328.21	59.08	296.17	241.04	43.39	108.54	717.95
9.0	0.5	246.41	280.60	50.51	283.70	289.94	52.19	106.86	717.79
9.5	0.5	188.98	217.70	39.19	230.96	257.33	46.32	99.73	717.12
10.0	0.5	145.69	167.34	30.12	183.80	207.38	37.33	92.52	716.44
10.5	0.5	114.04	129.87	23.38	144.48	164.14	29.55	86.35	715.84
11.0	0.5	91.00	102.52	18.45	114.92	129.70	23.35	81.46	715.28
11.5	0.5	73.90	82.45	14.84	94.87	104.90	18.88	77.42	714.82
12.0	0.5	60.93	67.42	12.13	80.96	87.92	15.82	73.73	714.40
12.5	0.5	48.42	54.68	9.84	67.62	74.29	13.37	70.20	714.00

续表

时间 t /h	时段 Δt /h	入库流量 /(m^3/s)	入库流量时段平均值 /(m^3/s)	入库水量 /万 m^3	下泄流量 /(m^3/s)	下泄流量时段平均值 /(m^3/s)	下泄水量 /万 m^3	水库蓄水量 /万 m^3	水库水位 /m
13.0	0.5	34.14	41.28	7.43	32.80	50.21	9.04	68.59	713.79
13.5	0.5	24.80	29.47	5.30	24.80	28.80	5.18	68.71	713.80
14.0	0.5	15.83	20.32	3.66	15.83	20.32	3.66	68.71	713.80
14.5	0.5	11.06	13.45	2.42	11.06	13.45	2.42	68.71	713.80
15.0	0.5	9.76	10.41	1.87	9.76	10.41	1.87	68.71	713.80
15.5	0.5	9.59	9.68	1.74	9.59	9.68	1.74	68.71	713.80
16.0	0.5	10.23	9.91	1.78	10.23	9.91	1.78	68.71	713.80
16.5	0.5	8.92	9.58	1.72	8.92	9.58	1.72	68.71	713.80
17.0	0.5	5.87	7.40	1.33	5.87	7.40	1.33	68.71	713.80
17.5	0.5	3.67	4.77	0.86	3.67	4.77	0.86	68.71	713.80
18.0	0.5	2.25	2.96	0.53	2.25	2.96	0.53	68.71	713.80
18.5	0.5	1.37	1.81	0.33	1.37	1.81	0.33	68.71	713.80
19.0	0.5	0.84	1.11	0.20	0.84	1.11	0.20	68.71	713.80
19.5	0.5	0.49	0.67	0.12	0.49	0.67	0.12	68.71	713.80
20.0	0.5	0.26	0.38	0.07	0.26	0.38	0.07	68.71	713.80
20.5	0.5	0.12	0.19	0.03	0.12	0.19	0.03	68.71	713.80
21.0	0.5	0.03	0.08	0.01	0.03	0.08	0.01	68.71	713.80
21.5	0.5	0.00	0.02	0.00	0.00	0.02	0.00	68.71	713.80

第5章　水库水能计算中的复杂计算问题

内容导读：水库水能调节计算是“水资源规划”的第三大调节计算，本章复杂计算问题主要为不同调节性能水电站保证出力及多年平均年发电量的确定，电力系统中水电站装机容量的计算及系统电力电量平衡分析。

教学目标及要求：掌握“保证出力”“装机容量”等基本概念，理解水电站装机容量选择的基本要求，具备开展不同调节性能水电站最大工作容量、重复容量的计算的能力；能够进行水电站备用容量选择和最终确定装机容量的确定，并能对其进行合理性分析。

5.1　水能计算的基本方程和主要方法

5.1.1　水能计算的基本方程

已知水能计算出力公式为

$$N=AQH_{净} \tag{5.1}$$

为避免来水流量 Q 和式（5.1）中水电站发电引水流量 Q 之间产生混淆，令水电站发电引水流量为 $q_{电}$，并用 H 表示净水头，则上述出力公式可写为

$$N(t)=Aq_{电}H \tag{5.2}$$

则任意时刻水电站的出力公式可写为

$$N(t)=Aq_{电}(t)H(t) \tag{5.3}$$

任意时刻水电站的净水头为

$$H(t)=Z_{上}-Z_{下}=H_{m}+H_{0}-Z_{下}$$

式中　A——出力系数；

$q_{电}$——水电站发电引水流量，m^3/s；

$Z_{上}$、$Z_{下}$——上、下游水位，如果考虑水头损失，该水头损失也是流量 $q_{电}$ 的函数，m；

H_{m}——自库底算起至库水位的距离，m；

H_{0}——下游水位基准点距库底距离（如图5.1所示），m。

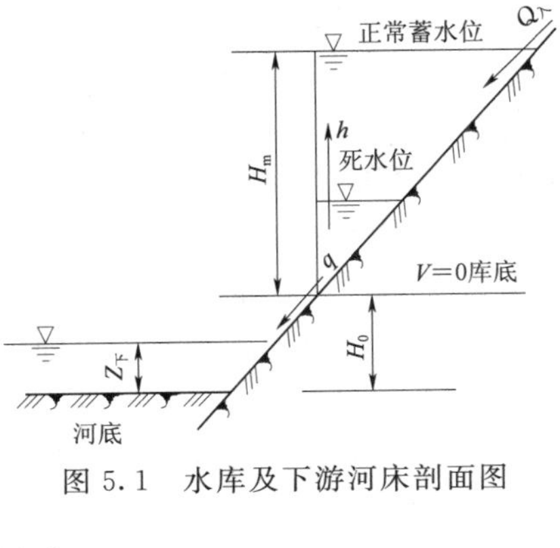

图5.1　水库及下游河床剖面图

在无弃水的情况下，$Z_{下}$ 与下泄流量是固定关系，由下游水位流量关系曲线确定，为便于分析计算，一般用指数函数来表示，即

$$Z_{下}=a_{0}q(t)^{n} \tag{5.4}$$

式中　a_{0}——系数；

n——指数。

$q_{电}(t)$ 和库水位的关系由水量平衡方程式来表达，即

$$[Q(t)-q_{电}(t)]\cdot dt = dv \tag{5.5}$$

由式（5.5）得 $q_{电}(t)=Q(t)-\frac{dv}{dt}$，而 $\frac{dv}{dt}=\frac{F(h)\cdot dh}{dt}=F(h)\cdot\frac{dh}{dt}$，则

$$q_{电}(t)=Q(t)-F(h)\frac{dh}{dt} \tag{5.6}$$

将式（5.6）、式（5.4）等代入式（5.3）得

$$\begin{aligned} N(t) &= A\cdot\left[Q(t)-F(h)\frac{dh}{dt}\right]\cdot[H_0+h(t)-a_0 q_{电}(t)^n] \\ &= -a_0 A\left[Q(t)-F(h)\frac{dh}{dt}\right]^{n+1}+A[H_0+h(t)]\left[Q(t)-F(h)\frac{dh}{dt}\right] \end{aligned} \tag{5.7}$$

式中　$h(t)$——蓄泄曲线，即某一瞬时的 H_m。

公式（5.7）即为水能计算的基本方程。

5.1.2　水能计算的方法

当 $Q(t)$、$N(t)$ 的函数形式（即它们的年内变化过程）已经给出，且库水面面积随水头变化的函数 $F(h)$ 为已知时，结合已知 h 的边界（起始）条件来求解微分方程（5.7），可得全年水库蓄泄曲线 $h(t)$ 的解析式。但一般情况下，上述非线性微分方程的求解过程是困难的。实际计算中，常用数值计算法、列表试算法、图解法等来求解。

（1）数值计算法。求解微分方程的一种近似解法，如欧拉法、梯形法、龙格-库塔法等，需要多次迭代，一般用计算机编程求解。

（2）列表试算法。通过假定各个时间段的 q 平均，求解 N，与拟定的 N 比较，若不等，则重新假定，直至计算值与假定值相等为止。

（3）图解法。常见的有一般图解法、半图解法和通用工作曲线法等。优点是水量平衡方程和动力方程的联解均在图上完成，不试算，工作量相对少。但由于连续进行图上作业，精度不易控制。当方案较多、时间序列较长时，宜采用图解法。

这些方法总体都属于时历法范畴。其中，列表法最为基本，概念清晰，应用广泛，尤其适合于有复杂综合利用任务的水库水能计算。本章将主要介绍列表计算法的两种简化计算法，并以常见的年调节水电站为例来说明。

从水能调节方式的角度来划分，水能计算可归纳为按等流量调节方式的水能计算和按规定出力方式的水能计算两种，即采用列表试算法中的简算法。

1. 按等流量调节方式的水能计算

按等流量调节方式的水能计算是在已知水电站水库的正常蓄水位和死水位，即已知兴利库容的情况下，按相等的引水流量调节方式计算水电站的出力和发电量。

年调节水电站水库能够把一年内的天然来水量按照电能用户需电要求（及其他兴利部门的用水要求）重新加以调配。例如在水库供水期内，天然流量比较小，但由于水库可将蓄水期蓄存在水库中的余水调到供水期来使用，故供水期水电站的引用流量则为当时的天然流量 $Q_{天}$ 与水库供水流量 $Q_{库}$ 之和，即 $Q_{引}=Q_{天}+Q_{库}$；相反在水库蓄水期内，天然流量比较充沛，该时期除了满足发电（及其他兴利部门）用水要求外，多余水量便蓄存在水库里，以备供水期内调用。

按等流量调节方式是简化的理想调节方式，设想可以利用水库兴利库容尽量把流量调

配均匀些，即在一个调节年度内，使供水期水电站的引用流量 $Q'_{引}$ 为一常数，计算如下：

$$Q'_{引}=\frac{W_{供}+V_{兴}}{T_{供}} \tag{5.8}$$

式中　$W_{供}$——供水期的天然来水量，m^3；

$V_{兴}$——水库兴利库容，m^3；

$T_{供}$——供水期历时，s。

蓄水期，对于设计枯水年，水电站的引用流量 $Q''_{引}$ 亦可为一常数，计算如下：

$$Q''_{引}=\frac{W_{蓄}-V_{兴}}{T_{蓄}} \tag{5.9}$$

式中　$W_{蓄}$——蓄水期的天然来水量，m^3；

$T_{蓄}$——蓄水期历时，s。

为了充分利用水能，少弃水多发电，在设计丰水年、设计中水年的蓄水期，在确保 $V_{兴}$ 蓄满的前提下，不一定在整个蓄水期内按统一流量发电；此外，在蓄水期内，当 $Q''_{引}$ 超过水电站最大过流能力 Q_m 时，应取 $Q''_{引}=Q_m$，其余部分为弃水。

案例 5.1： 某年调节水电站的正常蓄水位 $Z_{蓄}=555m$，死水位 $Z_{死}=549m$，电站最大过流量 $Q_{max}=1000m^3/s$，出力系数 k 取 8.2。假设水头损失为定值，取 $\Delta H=1.0m$，无其他用水。本例不计水量损失，按等流量调节方式，计算设计枯水年水电站的出力和发电量，以及供水期平均出力。其他已知资料见表 5.1～表 5.3。

表 5.1　**水位-库容曲线**

水位 $Z_{上}$/m	538.2	549.0	549.4	550.4	551.0	552.5	553.6	554.4	555.0
库容 V/亿 m^3	0	32.0	33.7	35.8	38.6	42.4	46.5	49.8	52.0

表 5.2　**水电站下游水位-流量关系曲线**

水位/m	515.9	518.5	518.7	519.2	520.8	520.9	521
流量/(m^3/s)	0	285	344	445	935	965	1000

表 5.3　**设计枯水年入库径流资料**

月　份	1	2	3	4	5	6	7	8	9	10	11	12
天然流量/(m^3/s)	125	149	205	209	239	1271	1422	937	447	346	177	138

解：（1）确定兴利库容。由 $Z_{蓄}=555m$ 和 $Z_{死}=549m$，查水位-库容曲线（表 5.1）得：$V_{蓄}=52$ 亿 m^3、$V_{死}=32$ 亿 m^3，则兴利库容 $V_{兴}=V_{蓄}-V_{死}=52-32=20$（亿 m^3），换算为月平均流量的量纲得（式中的分母部分为每月的平均秒数）：

$$V_{兴}=\frac{20\times10^8}{30.4\times24\times3600}=761.45[(m^3/s)\cdot 月]$$

（2）确定供水期及其引用流量。先假定供水期为 11 月至次年 5 月共 7 个月，即 $T_{供}=7$，则 11 月至次年 5 月的天然总来水量 $W_{供}=1242(m^3/s)\cdot$月。得水电站引用流量 $Q_{引}=(W_{供}+V_{兴})/T_{供}=(1242+761.45)/7=286.21(m^3/s)$，对比 $Q_{引}$ 与表 5.3 中 11 月

至次年5月的天然流量，因为 $Q<Q_{引}$，即11月至次年5月为供水期。将 $Q_{引}=286.21m^3/s$ 列入表5.4中第（3）列（11月至次年5月）。

（3）确定蓄水期及其引用流量。试算得蓄水期为6—7月，其引用流量 $Q''_{引}=(W_{蓄}-V_{兴})/T_{蓄}=(2693-761.45)/2=965.78m^3/s$，将 $Q''_{引}=965.78m^3/s$ 列入表5.4第（3）列（6—7月）。

（4）确定不蓄不供期。除供水期、蓄水期外的其他月份（8—10月）均为不蓄不供期，水电站按天然流量扣除其他用水流量发电，即水电站引用流量等于入库流量与其他用水流量之差。

（5）确定用水流量。水电站引用流量与其他用水要求量的和即为用水流量。本案例中无其他用水要求，所以总用水量即为水电站引用流量。

（6）确定水库蓄水或供水量 ΔV。来水流量与用水流量的差即为蓄水（差为正时）或供水（差为负时）流量［第（4）列］，换算为水量［第（5）列］。

（7）确定时段初蓄水量 $V_{初}$ 和时段末蓄水量 $V_{末}$。由蓄水期初（6月初）空库（$V_{死}$）、供水期初（11月初）满库（$V_{蓄}$）及每月初值等于上月末值确定各时段初值［第（6）列］。并根据水量平衡方程 $V_{末}=V_{初}+\Delta V$ 逐月计算各时段末值［第（7）列］。

（8）确定时段平均蓄水量。由 $\overline{V}=(V_{初}+V_{末})/2$ 逐月计算［第（8）列］。

（9）确定上、下游平均水位。由平均蓄水量查水位-库容曲线（表5.1）得上游平均水位 $Z_{上}$［第（9）列］，由引用流量查下游水位流量曲线（表5.2）得下游平均水位 $Z_{下}$［第（10）列］。

（10）确定平均净水头。$\overline{H}=Z_{上}-Z_{下}-\Delta H$，见第（11）列。

（11）确定时段出力 $N_i=8.2Q_iH_i$［（3）列×（11）列］，见第（12）列。

（12）计算设计枯水年水电站出力、年发电量及供水期平均出力。

a. 设计枯水年出力：$N=\sum N_i=148.93$（万kW）

b. 年发电量。计算时段 Δt 为一个月，按30.4d计，得枯水年水电站年发电量：$E=\sum N_i\Delta t=\Delta t\sum N_i=30.4\times24\times148.93=10.87$（亿kW·h）。

c. 供水期平均出力 $\overline{N}_{供}$。$\overline{N}_{供}=\sum N_{i供}/T_{供}=52.92/7=7.56$（万kW）

表5.4　年调节水库等流量调节水能计算表（水头损失 $\Delta H=1.0m$）

月份	天然流量 /(m³/s)	引用流量 /(m³/s)	水库蓄水或供水		时段初蓄水量 /亿m³	时段末蓄水量 /亿m³	时段平均蓄水 /亿m³	上游平均水位 /m	下游水位 /m	平均水头 /m	出力 /万kW
			流量 /(m³/s)	水量 /亿m³							
(1)	(2)	(3)	(4)	(5)	(6)	(7)	(8)	(9)	(10)	(11)	(12)
6	1271	965.78	305.22	8.02	32.00	40.02	36.01	550.44	520.85	28.59	22.64
7	1422	965.78	456.22	11.98	40.02	52.00	46.01	553.46	520.86	31.60	25.03
8	937	937.00	0	0.00	52.00	52.00	52.00	555.00	520.77	33.23	25.53
9	447	447.00	0	0.00	52.00	52.00	52.00	555.00	519.15	34.85	12.77

续表

月份	天然流量/(m^3/s)	引用流量/(m^3/s)	水库蓄水或供水		时段初蓄水量/亿 m^3	时段末蓄水量/亿 m^3	时段平均蓄水/亿 m^3	上游平均水位/m	下游水位/m	平均水头/m	出力/万 kW
			流量/(m^3/s)	水量/亿 m^3							
(1)	(2)	(3)	(4)	(5)	(6)	(7)	(8)	(9)	(10)	(11)	(12)
10	346	346.00	0.00	0.00	52.00	52.00	52.00	555.00	518.72	35.28	10.01
11	177	286.21	−109.21	−2.87	52.00	49.13	50.57	554.61	518.45	35.16	8.25
12	138	286.21	−148.21	−3.89	49.13	45.24	47.18	553.77	518.45	34.32	8.05
1	125	286.21	−161.21	−4.23	45.24	41.00	43.12	552.65	518.45	33.20	7.79
2	149	286.21	−137.21	−3.60	41.00	37.40	39.20	551.22	518.45	31.77	7.46
3	205	286.21	−81.21	−2.13	37.40	35.27	36.33	550.54	518.45	31.09	7.30
4	209	286.21	−77.21	−2.03	35.27	33.24	34.25	549.69	518.45	30.24	7.10
5	239	286.21	−47.21	−1.24	33.24	32.00	32.62	549.15	518.45	29.70	6.97

注　表中负值表示供水，下同。

需要说明的是：初步水能计算时，装机容量未定，故暂不考虑水电站机组水轮机过流能力的限制，所以弃水量一列均为零省略了，这时称为“无限装机调节”，由此计算的出力称为“水电站水流出力”。

2. 按规定出力方式的水能计算

根据规定的水电站出力，计算所需的调节库容及水库运用过程。因为在出力已定的情况下，水电站引用流量 Q 与水头 H 互有联系，相互影响，所以，需要通过试算才能求解。其前提是正常蓄水位 $Z_{蓄}$ 和死水位 $Z_{死}$ 至少有一个为已知，分三种情况。

（1）已知 $Z_{蓄}$ 和 N。

案例 5.2：案例 5.1 中条件不变（$V_{死}$ 未知），且设计枯水年水电站各月出力见表 5.5，求兴利库容 $V_{兴}$。

表 5.5　　设计枯水年水电站各月出力资料

水库工作期	供水期							蓄水期		不供不蓄期		
月份	11	12	1	2	3	4	5	6	7	8	9	10
出力/万 kW	8.25	8.05	7.79	7.46	7.30	7.10	6.97	22.64	25.03	25.53	12.77	10.01

解：此时试算从假定 Q 入手，可列表进行（表 5.6）。将各月已知出力列入表中第（2）列。

1）确定初始计算时间段。计算需从供水期第一个时段开始（11 月），已知该月初 $V_{初}=V_{蓄}=52$ 亿 m^3。

2）合理假设初始引用流量 Q'。假定的引用流量 Q' 应大于供水期各月中最大径流值（239m^3/s），小于其余月份中最小径流值（346m^3/s）。初步假设 $Q'=240m^3/s$ 填入第（4）列，按照表 5.4 相似的计算步骤，将计算结果列入第（13）列，该结果作为校核用的水电站出力 $N'=kQ'H$。

3）判断是否可以进入下一时段的试算。若 N' 与已知出力 N 不等，重新假定 Q 再算，直到假定的 Q 在第（13）列的出力 N' 与已知出力相等（或非常接近）时即可进入下一时段试算，此时初始库容等于上一时段末库容。经过 4 次试算，11 月份校核出力跟已知出力相等（表 5.6），相同的过程进行依次完成供水期各月份的试算。

4）确定兴利库容。供水期结束时，时段末（次年 5 月末）的水库存水量 $V_{末}=V_{死}$，所求调节库容 $V_{兴}=V_{蓄}-V_{死}$。即 $V_{兴}=52-32=20$（亿 m^3）。

表 5.6　　已知出力的年调节水库水能计算表

月份	已知出力/万 kW	天然流量/(m^3/s)	引用流量/(m^3/s)	水库蓄水或供水		时段初蓄水量/亿 m^3	时段末蓄水量/亿 m^3	时段平均蓄水/亿 m^3	上游平均水位/m	下游水位/m	平均水头/m	校核出力/万 kW
				流量/(m^3/s)	水量/亿 m^3							
(1)	(2)	(3)	(4)	(5)	(6)	(7)	(8)	(9)	(10)	(11)	(12)	(13)
11	8.25	177	240.00	−63.00	−1.65	52.00	50.35	51.17	554.77	518.08	35.69	7.02
			280.00	−103.00	−2.71	52.00	49.29	50.65	554.63	518.45	35.18	8.08
			285.00	−108.00	−2.84	52.00	49.16	50.58	554.61	518.49	35.12	8.21
			286.21	−109.21	−2.87	52.00	49.13	50.57	554.61	518.45	35.16	8.25
12	8.05	138	286.21	−148.21	−3.89	49.13	45.24	47.18	553.77	518.45	34.32	8.05
1	7.79	125	286.21	−161.21	−4.23	45.24	41.00	43.12	552.65	518.45	33.20	7.79
2	7.46	149	286.21	−137.21	−3.60	41.00	37.40	39.20	551.22	518.45	31.77	7.46
3	7.30	205	286.21	−81.21	−2.13	37.40	35.27	36.33	550.54	518.45	31.09	7.30
4	7.10	209	286.21	−77.21	−2.03	35.27	33.24	34.25	549.69	518.45	30.24	7.10
5	6.97	239	286.21	−47.21	−1.24	33.24	32.00	32.62	549.15	518.45	29.70	6.97
6	22.64	1271	965.78	305.22	8.02	32.00	40.02	36.01	550.44	520.85	28.59	22.64
7	25.03	1422	965.78	456.22	11.98	40.02	52.00	46.01	553.46	520.86	31.60	25.03
8	25.53	937	937.00	0	0	52.00	52.00	52.00	555.00	520.77	33.23	25.53
9	12.77	447	447.00	0	0	52.00	52.00	52.00	555.00	519.15	34.85	12.77
10	10.01	346	346.00	0	0	52.00	52.00	52.00	555.00	518.72	35.28	10.01

注　若要根据已知出力来调度水库运行，需知道水库库容或水位随时间的变化过程。此时，可进一步试算蓄水期各月引用流量，由第（7）列查水位-库容曲线，得到水位变化过程，绘出水位变化过程图，图 5.2 即为已知出力调节的水库运用图。

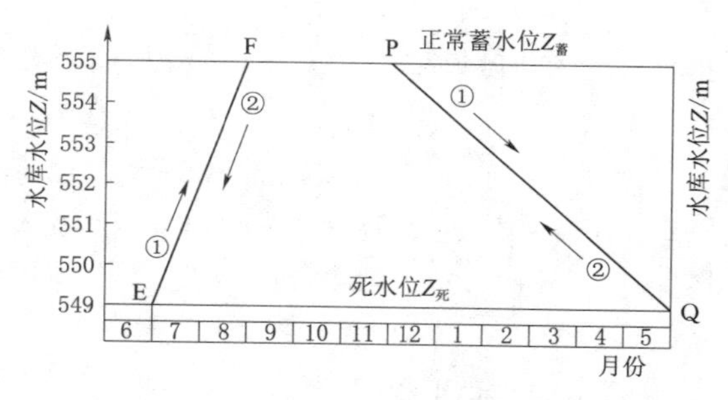

图 5.2　已知出力调节的水库运用图

（2）已知 $Z_{死}$ 和 N。这时必须从供水期结束时刻（已知 $V_{末}=V_{死}$）起，逆时序逐时段进行已知出力的水能计算，直到供水期开始时刻为止。这时表 5.6 中的 Δt 应逆时序列出，其余仍相同。计算结果由第（7）列的水库运用过程和 $V_{兴}$。顺时序线路①（EFPQ）和逆时序线路②（FEQP）进行的水能计算分别叫做“水能正算”和“水能反算”，如图 5.2 所示。

(3) 已知$Z_{死}$和$Z_{蓄}$。要求水库按等出力调节（即供水期各时段出力相同）时的出力值。这样的水能计算课题，要通过反复的试算才能解决。首先假定一个等出力值，从已知的$Z_{蓄}$开始，进行已知出力的水能正算，求得相应的供水期末水库的消落水位。若此消落水位高于（或低于）已知的$Z_{死}$值，则表示库容中的蓄水没有用完（或不足），假定的等出力值小（或大）了，要重新假定即加大（或减小）等出力值再算，直到供水期末水库消落水位符合已知的$Z_{死}$时为止，此时的等出力即为所求。同理，从$Z_{死}$开始，进行水能反算，反复试算也可求得这个等出力和水库调节运用过程。这类课题不但各时段出力要试算、检验，而且整个供水期的等出力也需试算、检验。

案例 5.3：仍以案例 5.1 的资料为例，已知$Z_{蓄}=555$m 和$Z_{死}=549$m，试用等出力水能调节试算法求供水期的等出力。

解：1）假定供水期等出力。为使假定有所依据，用简化方法估算供水期平均出力：$\overline{V}=(V_{蓄}+V_{死})/2=42$(亿 m^3)。查水库水位-库容曲线得供水期上游平均水位为 552.33m；供水期平均流量 177.43m^3/s 作为水电站引用流量，据此查下游水位关系曲线得下游平均水位为 517.51m；则供水期平均水头$\overline{H}=552.33-517.51-1.0=33.82$(m)，于是估算得供水期平均出力：$\overline{N}=AQ\overline{H}=8.2\times177.43\times33.82=4.92$(万kW)，以估算所得 4.92 万 kW 为初次试算等出力。

2）按照等出力调节反复调整试算，得出符合已知正常蓄水位和死水位要求的供水期平均出力即可。

5.2 水电站两大主要动力指标计算的复杂问题

水电站的出力和发电量多变，需要从中选出某些个特征值作为衡量其效益的主要动力指标。保证出力和多年平均年发电量，就是水电站的两大主要动力指标。

5.2.1 水电站保证出力的计算

保证出力N_P是水电站在长期工作中符合水电站设计保证率P要求的枯水期内的平均出力，即水电站多年期间提供的出力$N\geqslant N_P$的概率恰好等于设计保证率。水电站保证出力是规划设计阶段确定水电站装机容量的重要依据，也是水电站在运行阶段的一项重要效益指标，决定着水电站能够有保证地承担电力系统负荷的工作容量的大小。

不同调节性能的水电站，其保证出力采用的计算期不同，具体计算方法也不尽相同。

1. 无调节水电站保证出力的计算

无调节水电站无法对天然径流进行重新分配，任何时刻的出力取决于河道中当时的天然流量（引用流量就是河道中的天然流量），其上游水位一般维持在正常蓄水位，只有在汛期宣泄洪水时才可能出现临时超高，当汛期天然流量超过水轮机所能通过的最大流量时，水电站才按水轮机最大过水能力工作，并将多余水量作为弃水泄往下游。

无调节水电站常以“日”为计算时段，各时段出力彼此无关，其设计保证率一般用历时保证率来表示。根据径流资料情况和对计算精度的要求，无调节水电站保证出力的计算采用长系列法或代表年法。

（1）长系列法。该方法计算结果的精度较高，但要求水电站取水断面处有代表性较好的长系列径流资料。用长系列法直接求解时，需要计算 n 年×365d 的出力 N，再将 N 从大到小排列，计算并绘制日平均出力经验频率（$N-P$）曲线，最后用水电站设计保证率查 $N-P$ 得 N_P。计算工作量很大，在规划设计中常采用简化长系列法。具体步骤如下。

1）根据实际径流资料（n 天）的日平均流量变动范围，将流量划分为若干个流量等级，统计各级流量出现的次数。

2）计算各级流量的平均值 Q，查电站下游水位-流量关系曲线，求得相应的下游水位，计算各级流量相应的水电站净水头 H。

3）选取合理的电站出力系数 A 值，按公式 $N=AQH$ 计算各级流量相应的电站出力 N。

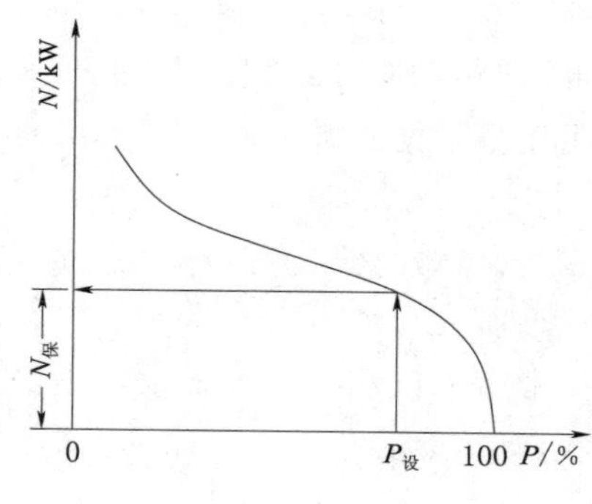

图 5.3　日平均出力保证率曲线

4）将 N 由大到小排序，并用经验频率公式 $P=m/(n+1)\times100\%$（其中，m 为大于等于该出力值的天数，n 为总天数）计算其相应的频率，绘制水电站日平均出力保证率曲线 $N-P$（图 5.3）。

5）根据水电站选定的设计保证率 $P_{设}$，查 $N-P$ 曲线得水电站保证出力 $N_{保}$。

（2）代表年法。为了简化计算，在规划初级阶段一般选取三个设计代表年来进行计算，即设计枯水年、设计平水年和设计丰水年。水能计算时通常按照年水量或枯水期水量来选择设计代表年。

1）按年水量选择。

a. 将各年来水量 $W_{年i}$ 从大到小排列，计算频率 $P=m/(n+1)\times100\%$，绘制 $W_{年}-P$ 经验频率曲线。

b. 根据水电站设计保证率 $P_{设}$、$P=50\%$、$P=100\%-P_{设}$ 在 $W_{年}-P$ 曲线上查得对应的枯水年、平水年和丰水年的年径流量（$W_{枯}$、$W_{平}$、$W_{丰}$），从径流系列中找出年径流量与 $W_{枯}$、$W_{平}$、$W_{丰}$ 相接近的年份分别作为设计枯水年、平水年和丰水年（注：要求三个设计代表年的平均年来水量、平均洪水期水量及平均枯水期水量与其多年平均值接近）。

c. 把三个代表年的日平均流量 Q_t 从大到小分组排列，按长系列法中后面相同的步骤即可求得 N_P。

考虑到年水量符合设计保证率的枯水年份，其枯水期水量却有可能出现偏大或偏小的情况。若用这样的枯水年去求保证出力，必然会得到偏大或偏小的结果。因此，只有在径流年内分配较稳定的河流，才以年水量为主来选择设计代表年。

2）按枯水期水量选择。先计算并绘制枯水期水量频率曲线 $W_{枯}-P$，然后根据 $P_{设}$、$P_{平}$、$P_{丰}$ 在 $W_{枯}-P$ 曲线上选出与之相对应的年份作为设计枯水年、平水年、丰水年，并要求三个设计代表年的平均年水量也要与多年平均值接近。对于径流年内分配不稳定的河流，宜以枯水期水量为主来选择设计代表年。

案例 5.4：某无调节水电站，压力前池中正常蓄水位为 2550m，坝址处设计代表年的径流资料及水电站下游水位-流量关系资料分别见表 5.7、表 5.8，计算其保证出力及保证电能。

表 5.7 **无调节水电站坝址设计代表年径流资料**

P	径流量/(m^3/s)												
	7月	8月	9月	10月	11月	12月	1月	2月	3月	4月	5月	6月	年均
P=15%	25.05	50.30	35.30	33.55	26.30	14.30	9.35	4.30	3.90	9.45	13.60	24.30	20.81
P=50%	18.45	40.75	25.65	23.50	20.00	10.25	5.40	3.20	3.50	7.80	10.45	17.80	15.56
P=85%	13.40	34.00	20.65	17.55	18.35	6.55	3.25	2.20	2.20	5.05	7.10	11.70	11.83

表 5.8 **无调节水电站下游水位-流量关系资料**

水位/m	2443.30	2443.68	2444.19	2444.86	2445.98	2446.88	2447.4	2447.60	2447.80
流量/(m^3/s)	1.28	4.40	10.70	22.20	38.10	51.00	71.00	107.00	149.00

解：按照代表年法，无调节水电站保证出力的计算成果见表 5.9，过程如下。

(1) 将三个代表年各月流量从大到小排列，并按 $\Delta Q=10m^3/s$ 分组，见第(1)列。

(2) 计算每组平均流量（分级上、下限代数和的一半），见第(2)列。

(3) 由平均流量查下游水位-流量曲线［图 5.4（根据表 5.8 绘制）］确定下游水位，见第(3)列。

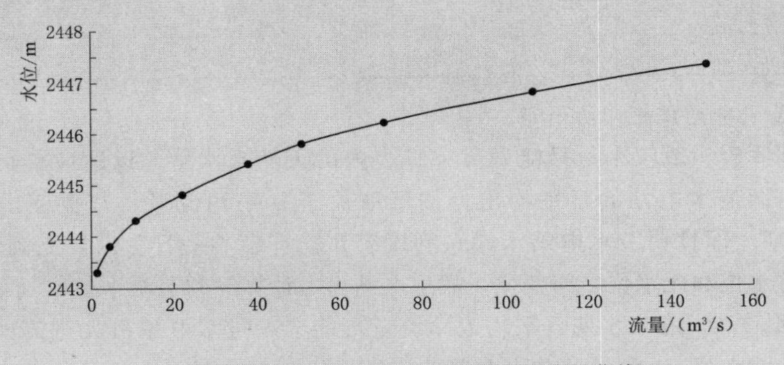

图 5.4 无调节水电站下游水位-流量关系曲线

(4) 由压力前池正常蓄水位减去下游水位、水头损失得平均水头，见第(4)列。

(5) 取出力系数 $A=8.2$，确定时段出力 $N_i=8.2\overline{Q_i H_i}$，见第(5)列。

(6) 统计各平均出力出现的次数，计算大于等于某确定出力的累计次数 m，并用经验频率公式 $P=m/(n+1)\times100\%$（n 为总次数）计算其相应频率，次数和频率见第(6)列、第(7)列、第(8)列。

(7) 绘制平均出力保证率曲线 $N-P$（图 5.5），并根据选定的设计保证率 $P=85\%$，在曲线上查取水电站保证出力 $N_{保,无}$，得 $N_{保,无}=0.623$ 万 kW。

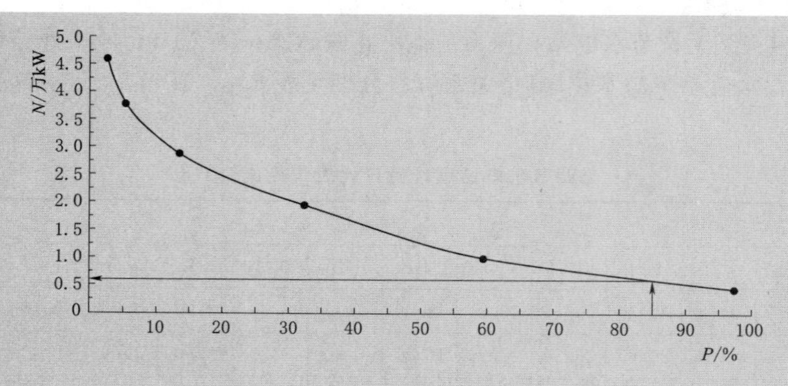

图 5.5　无调节水电站 $N-P$ 曲线图

(8) 保证电能 $E_{保}=N_{保}\ T_{保}=0.623\times8760\times0.85=4638.86$(万 kWh)。

表 5.9　　**无调节水电站保证出力代表年法计算表**

流量分级 /(m³/s)	平均流量 /(m³/s)	下游水位 /m	平均水头 /m	出力 /万 kW	出现次数	累计次数	保证率
(1)	(2)	(3)	(4)	(5)	(6)	(7)	(8)
50～59	54.5	2447.16	102.84	4.60	1	1	2.70
40～49	44.5	2446.20	103.80	3.79	1	2	5.41
30～39	33.5	2445.49	104.51	2.87	3	5	13.51
20～29	22.5	2444.91	105.09	1.94	7	12	32.43
10～19	11.5	2444.24	105.76	1.00	10	22	59.46
1～9	5	2443.75	106.25	0.44	14	36	97.30

2. 日调节水电站保证出力计算

由于水库库容一般较小，只能调节一日之内的天然来水量，以适应日负荷变化的要求，因此，日调节水电站的日平均出力仍然取决于日平均流量，其保证出力一般也以“日”为计算期。即日调节水电站水库兴利库容在计算期“一日”内要充满和放空一次，水位在正常蓄水位和死水位之间变化，故水电站出力计算时的上游水位取其平均水位，即 $\overline{Z}_{上}=(Z_{蓄}+Z_{死})/2$。在丰水期日平均入库流量可能会超过水电站最大过流能力，这时上游水位为正常蓄水位 $Z_{蓄}$。日调节水电站的下游水位，也将因水电站进行日调节而引起某种程度的波动，但在实际水能计算时，下游水位仍用日平均流量从水电站下游水位关系曲线查取。日调节水电站保证出力计算的具体步骤、方法，与无调节水电站相同。

3. 年调节水电站保证出力的计算

年调节水电站能否保证正常供电一般由枯水期控制，常用枯水期作为保证出力计算期。

(1) 长系列法。

1) 根据各年水文资料，在已知或假定的水库正常蓄水位和死水位的条件下，通过径流调节和水能计算，求出每年供水期的平均出力。

2）将供水期平均出力值由大到小排序，并按经验频率公式统计计算，绘制其保证率 $N-P$ 曲线。

3）由设计保证率 $P_{设}$ 查 $N-P$ 曲线得年调节水电站的保证出力 $N_{保}$。

（2）代表年法。

1）以实测径流系列为依据选出设计枯水年。

2）对设计枯水年供水期进行径流调节及水能计算，求出供水期的平均出力作为年调节水电站的保证出力。

还可按式（5.10）简化估算年调节水电站的保证出力：

$$N_{保}=kQ_{调}\overline{H}_{供} \tag{5.10}$$

$$\overline{H}_{供}=\overline{Z}_{上}-\overline{Z}_{下}-\Delta H$$

式中　$Q_{调}$——设计枯水年供水期调节流量，m^3/s；

$\overline{H}_{供}$——设计枯水年供水期平均水头，m；

$\overline{Z}_{上}$、$\overline{Z}_{下}$——供水期上、下游平均水位（$\overline{Z}_{上}$ 可取与供水期水库平均蓄水量 $\overline{V}$ 对应的水库水位，且 $\overline{V}$ 可按式 $\overline{V}=V_{死}+\frac{1}{2}V_{兴}$ 估算，$\overline{Z}_{下}$ 可按 $Q_{调}$ 由水位-流量关系曲线查得），m；

ΔH——水电站水头损失（可根据实际情况分析取值），m。

案例 5.5：拟建一设计保证率 $P=85\%$ 的年调节水电站，其正常蓄水位为 2439.0m，死水位为 2431.9m，其他计算资料见表 5.10～表 5.13，求其保证出力及保证电能。

表 5.10　年调节水电站坝址设计代表年径流资料

P	径流量/(m³/s)												
	7月	8月	9月	10月	11月	12月	1月	2月	3月	4月	5月	6月	年均
P=15%	87.0	90.8	56.0	22.6	16.4	11.9	12.79	14.8	12.31	23.5	20.5	60.6	35.9
P=50%	63.5	86.9	28.7	17.0	14.5	10.4	9.36	10.4	10.2	21.9	16.8	40.3	27.6
P=85%	58.8	42.9	24.0	16.6	11.3	6.62	7.00	7.04	7.42	12.8	15.9	37.9	20.8

表 5.11　年调节水电站水位-库容关系资料

水位/m	2390	2405	2408	2417.5	2425	2430	2435	2440	2445	2450	2455
库容/万 m³	0	312.5	625	1875	3437.5	4812.5	6250	8125	10625	13125	15625

表 5.12　年调节水电站下游水位-流量关系资料

水位/m	2327.26	2327.42	2327.45	2327.49	2327.7	2328.08	2328.64	2329.19	2329.77
流量/(m³/s)	28	33.6	39	44.5	50.2	135.7	221.15	306.6	392

表 5.13　年调节水电站水头损失关系资料

流量/(m³/s)	10	20	30	40	50	55	60	65
水头损失/m	0.86	1.98	3.55	5.75	8.58	10.23	12.04	13.83

解：按等流量调节法对其设计枯水年进行保证出力计算，见表 5.14。

表 5.14　年调节水电站保证出力计算表

月份	天然流量 /(m³/s)	引用流量 /(m³/s)	水库蓄水或供水		时段初蓄水量 /亿 m³	时段末蓄水量 /亿 m³	时段平均蓄水量/亿 m³	上游平均水位 /m	下游水位 /m	水头损失 /m	平均水头 /m	出力 /万 kW
			流量 /(m³/s)	水量 /亿 m³								
(1)	(2)	(3)	(4)	(5)	(6)	(7)	(8)	(9)	(10)	(11)	(12)	(13)
6	58.8	49.36	9.44	2479	5357	7836	6597	2437.2	2327.43	8.37	101.40	4.31
7	42.9	42.9	0	0	7836	7836	7836	2439	2327.39	6.52	105.09	3.89
8	24	24	0	0	7836	7836	7836	2439	2327.26	2.51	109.23	2.26
9	16.6	16.6	0	0	7836	7836	7836	2439	2327.21	1.50	110.28	1.58
10	11.3	11.3	0	0	7836	7836	7836	2439	2327.18	0.98	110.84	1.08
11	6.62	9.38	−2.76	−725	7836	7112	7474	2438.3	2327.16	0.83	110.31	0.89
12	7	9.38	−2.38	−625	7112	6486	6799	2436.7	2327.16	0.83	108.71	0.88
1	7.04	9.38	−2.34	−615	6486	5872	6179	2434.6	2327.16	0.83	106.61	0.86
2	7.42	9.38	−1.96	−515	5872	5357	5614	2432.5	2327.16	0.83	104.51	0.85
3	12.8	12.8	0	0	5357	5357	5357	2431.9	2327.19	1.11	103.60	1.14
4	15.9	15.9	0	0	5357	5357	5357	2431.9	2327.21	1.43	103.27	1.42
5	37.9	37.9	0	0	5357	5357	5357	2431.9	2327.35	5.26	99.29	3.24

（1）确定兴利库容。

由 $Z_{蓄}=2439.0$m 和 $Z_{死}=2431.9$m，查表 5.11 得 $V_{蓄}=7836$ 万 m³、$V_{死}=5357$ 万 m³，则兴利库容 $V_{兴}=V_{蓄}-V_{死}=7836-5357=2479$(万 m³)，换算为月平均流量的量纲得 $V_{兴}=\dfrac{2479\times10^4}{30.4\times24\times3600}=9.44(\text{m}^3/\text{s})\cdot$月。

（2）确定供水期及其引用流量。试算得供水期为 12 月至次年 3 月共 4 个月，得水电站引用流量 $Q'_{引}=(W_{供}+V_{兴})/T_{供}=(28.08+9.44)/4=9.38(\text{m}^3/\text{s})$。

（3）确定蓄水期及其引用流量。试算得蓄水期为 7 月，其引用流量 $Q''_{引}=(W_{供}-V_{兴})/T_{供}=(58.8-9.44)/1=49.36(\text{m}^3/\text{s})$。

（4）确定不蓄不供期。除供水期、蓄水期外的其他月份（4—6 月、8—11 月）均为不蓄不供期，水电站按天然流量扣除其他用水流量发电，即水电站引用流量等于入库流量与其他用水流量之差。本案例中无其他用水，暂不考虑。

（5）确定水库蓄水或供水量 ΔV，见（5）列。

（6）确定时段初蓄水量 $V_{初}$ 和时段末蓄水量 $V_{末}$。由蓄水期初（7 月初）空库（$V_{死}$）及每月初值等于上月末值确定各时段初值。根据水量平衡方程：$V_{末}=V_{初}+\Delta V$ 逐月计算各时段末值，见（6）、（7）列。

（7）确定时段平均蓄水量。由下式逐月计算，结果见（8）列：

$$\overline{V}=\frac{1}{2}(V_{初}+V_{末})$$

(8) 确定上、下游平均水位。由平均蓄水量查表 5.11 得上游平均水位 $Z_上$，由引用流量查表 5.12 得下游平均水位 $Z_下$，见 (9)、(10) 列。

(9) 确定平均净水头。$\overline{H}=Z_上-Z_下-\Delta H$，见 (12) 列，由表 5.13 确定水头损失，见 (11) 列。

(10) 取出力系数 $A=8.62$，确定时段出力 $N_i=8.62Q_i\overline{H}_i$，见 (13) 列。

(11) 计算年调节水电站保证出力及保证电能。

1) 年调节水电站保证出力就是其设计枯水年供水期平均出力。即

$$N_p=\frac{\sum N_供}{T_供}=\frac{3.478}{4}=0.87(万\ kW)$$

2) 年调节水电站保证电能是水电站在设计枯水期的供水期按保证出力发电时的发电量。即

$$E_{保,供}=3.478\times30.4\times24=2537.55(万\ kWh)$$

4. 多年调节水电站保证出力的计算

水库的调节周期不定，可长达数年，保证出力计算时段应取为由若干个连续枯水年份组成的枯水系列，符合设计保证率要求的那一个枯水系列的平均出力才是其保证出力。

用时历法（包括长系列法和代表期法）进行多年调节计算时，由于水文资料的限制，连续枯水年组（段）的个数较少，难以绘制其保证率曲线，因而只能近似地选实际水文资料中最枯最不利的连续枯水系列作为设计枯水系列来计算，即组内供水期调节流量为最小的枯水年组作为枯水代表年组。求出其调节流量和相应的平均水头，即可算出保证出力 $N_保$。

5.2.2 水电站多年平均年发电量的计算

水电站多年平均年发电量是指水电站在多年运行时间内，平均每年所生产的电量，是水电站直接的产品收益，反映了水电站的多年平均动能效益。

水电站多年平均年发电量应通过对整个水文资料系列逐时段进行径流调节和水能计算才能求得。实际工作中，针对调节性能不同的水电站，根据不同设计阶段的具体情况及对计算精度的不同要求，采用比较简化的方法估算。

1. 无调节或日调节水电站多年平均年发电量计算

(1) 一般计算方法。将以频率形式表示水电站多年工作期间出力变化情况的日平均水流出力保证率 $N-P$ 曲线换算为以相对持续时间表示的水流出力持续曲线，来计算无调节或日调节水电站多年平均年发电量 $\overline{E}_年$。

1) 将 $N-P$ 曲线中保证率 $P=100\%$ 替换为一年的持续时间 $T=8760$h，则任一保证率 P_i 相应的持续时间应该为 $T_i=P_i\times8760$，得到以持续时间 T 为横轴的 $N-T$ 曲线，如图 5.6 所示。

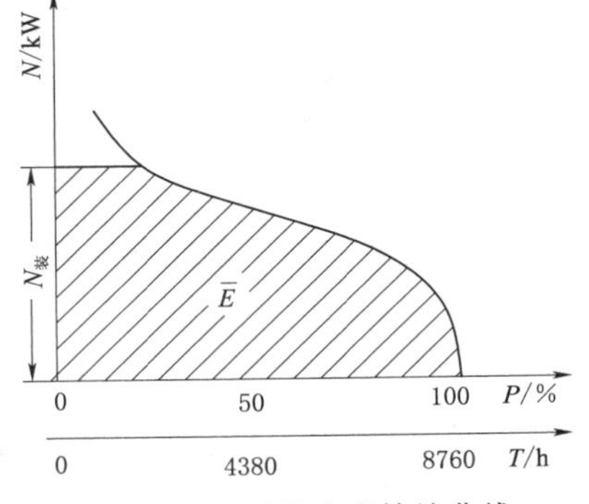

图 5.6 日平均出力持续曲线

2) 选定水电站装机容量后，在图上按“装机切头”去掉超过装机容量的那部分水流出力（即弃水出力），即装机容量线以下出力持续曲线所包围的面

积（图中阴影线所示），为所求的水电站多年平均年发电量。

(2) 粗估法。在完全没有水文资料的情况下，可用式(5.11)估算：

$$\overline{E}_{年}=\alpha\overline{E}_{天然水流年}=\alpha A\overline{Q}_{年}\ H_{净}\times 8760(\text{kWh}) \tag{5.11}$$

式中　$Q_{年}$——多年平均流量，m^3/s；

α——水电站径流利用系数，$\alpha=W_{电}/W\ll 1$，可参考附近类似电站选取。

(3) 其他方法。年调节水电站多年平均年发电量计算的设计中（平）水年法、三个代表年法、长系列法均可用于无调节或日调节水电站的多年平均电能计算。

2. 年调节水电站多年平均年发电量的计算

(1) 设计中水年法。

1) 依据下列原则选择设计中水年。

a. 年径流量频率 $P_{枯}=50\%$。

b. 径流的年内分配与多年平均情况较接近。

2) 确定计算时段。

a. 对年调节水电站，按月进行径流调节计算。

b. 对季调节或日调节、无调节水电站，按旬（日）进行径流调节计算。

3) 求出各时段的水电站平均水头 $\overline{H}_i$ 及其平均出力 $\overline{N}_i$（当 $\overline{N}_i>N_P$ 时，取 $\overline{N}_i=N_P$）。

4) 计算各时段的发电量 $E_i=\overline{N}_i\cdot t$。

5) 计算水电站多年平均年发电量 $\overline{E}_{年}$：

$$\overline{E}_{年}=E_{中}=t\left[\sum_{i=1}^{n}\overline{N}_i+mN_{装}\right] \tag{5.12}$$

式中　n——时段平均出力小于装机容量 $N_{装}$ 的时段数；

m——平均出力大于（或等于）装机容量 $N_{装}$ 的时段数。当计算时段为月时，$n+m=12$，$t=730\text{h}$；为日时，$n+m=365$，$t=24\text{h}$。

(2) 三个代表年法。

1) 根据年径流量频率 $P_{枯}=P_{设}$、$P_{中}=50\%$、$P_{丰}=1-P_{设}$，选择设计枯水年、设计中水年、设计丰水年等三个代表年，选取原则如下。

a. 各个代表年的平均径流量与多年平均年径流量接近。

b. 各个代表年的径流年内分配情况符合各自典型年的特点。

2) 分别对这三个代表年进行径流调节和水能计算，求得各时段平均出力。

3) 分别求得设计枯水年、设计中水年、设计丰水年的年发电量 $E_{枯}$、$E_{中}$、$E_{丰}$，方法同式(5.12)。

4) 计算多年平均年发电量 $\overline{E}_{年}$，即

$$\overline{E}_{年}=\frac{1}{3}[E_{枯}+E_{中}+E_{丰}] \tag{5.13}$$

一般地，三个代表年法较设计中水年可提高计算精度。若精度仍不满意，可选择枯水年、中枯水年、中水年、中丰水年和丰水年等五个代表年来估算多年平均年发电量。

案例 5.6： 计算案例 5.5 中年调节水电站的多年平均年发电量。

解： 依据案例 5.5 对年调节水电站枯水期水能调节计算结果表 5.14，计算年调节水电站多年平均年发电量过程如下：

a. 枯水年发电量为该年各月平均出力代数和与月平均小时数，即

$$E_{枯}=729.6\times\sum N_{枯i}=729.6\times22.398=16341.58(万\ kWh)$$

b. 分别对丰水年和平水年按照同样过程调节计算，得到丰水年年发电量：

$$E_{丰}=729.6\times\sum N_{丰i}=729.6\times35.55=25937.28(万\ kWh)$$

平水年的年发电量：

$$E_{平}=729.6\times\sum N_{平i}=729.6\times28.31=20654.98(万\ kWh)$$

c. 该年调节水电站多年平均年发电量 $\overline{E}=(E_{丰}+E_{平}+E_{枯})/3=20977.95(万\ kWh)$

（3）全部水文系列法（长系列法）。

1）经过方案比较和综合分析确定水库正常蓄水位、死水位及装机容量等。

2）对全部水文系列按照水库调度图进行径流调节和水能计算，求得水电站逐年的发电量。

3）计算多年平均年发电量，即

$$\overline{E}_{年}=\frac{1}{n}\sum_{i=1}^{n}E_{年i} \tag{5.14}$$

式中　$\sum_{i=1}^{n}E_{年i}$——系列各年发电量之和；

n——系列的年数。

3. 多年调节水电站多年平均年发电量的计算

由于多年调节水电站径流调节周期一般要超过一年，因此不宜采用一个中水年或几个代表年计算其多年平均年发电量，可采用设计中水系列法计算。

（1）确定设计中水系列（指某一水文年段，一般由十几年的水文系列组成），选取原则如下。

a. 平均年径流量约等于根据全部水文系列计算得到的多年平均年径流量。

b. 径流分布符合一般水文规律。

（2）对中水系列进行径流调节和水能计算，求得水电站在该系列中各年的发电量，取其平均值作为多年平均年发电量。

5.3　电力系统的负荷及容量组成

5.3.1　电力系统负荷图

电力生产的一个显著特点就是电能产品难以大规模储存，电能的发、送、耗是同时进行的。在任何时间内，电力系统中各电站的出力过程和发电量必须与用电户对出力的要求和用电量相适应，这种用电户对电力系统提出的出力要求，常被称为电力负荷。

如果把电力系统内工业、农业、市政生活及交通运输等用电户在同一时间对系统要求的

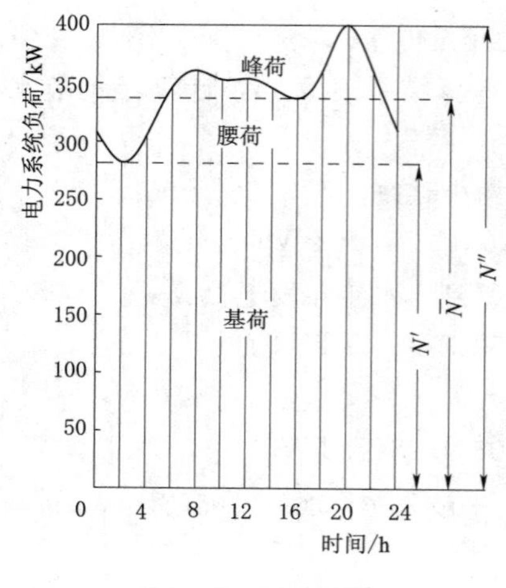

图 5.7　日负荷图

出力叠加起来，就可以得到电力负荷随时间的变化过程——电力负荷图。

电力负荷在一昼夜内的变化过程图，称为日负荷图；在一年内变化过程图，称为年负荷图。

1. 日负荷图

其变化规律是：一般在上、下午各有一个高峰，晚上因增加大量照明负荷形成尖峰；午休时间及夜间各有一个低谷，后者比前者低得多，如图 5.7 所示。该图是按瞬时最大负荷绘制的，实际中常采用每小时的负荷平均值来绘制，负荷图呈阶梯状。

(1) 日负荷图的特性。反映日负荷图特性的三个特征值是：日最大负荷 N''、日平均负荷 $\overline{N}$ 和日最小负荷 N'。

日平均负荷 $\overline{N}$ 由式 (5.15) 求得，即

$$\overline{N}=\frac{\sum_{i=1}^{24}N_i}{24}=\frac{E_{日}}{24} \tag{5.15}$$

式中　$E_{日}$——一昼夜内系统所供应的电能，亦即用电户的日用电量，kWh，相当于日负荷曲线下所包括的面积。

日最小负荷值（N'）水平线以下部分称为基荷，这一部分负荷在 24h 内是不变的；日平均负荷值（$\overline{N}$）水平线以上部分称为峰荷，这部分负荷变化较大，但其在一天内出现的时间较少；日最小负荷值的水平线与日平均负荷值的水平线之间的部分称为腰荷，其负荷仅在部分时间内有变动。

反映日负荷图特征有以下三个指标值。

1) 基荷指数 α，$\alpha=N'/\overline{N}$，α 越大，基荷占负荷图的比重越大，这表示系统的用电情况比较平稳。

2) 日最小负荷率 β，$\beta=N'/N''$，β 越小，表示负荷图中高峰与低谷负荷的差别越大，日负荷越不稳定。

3) 日平均负荷率 γ，$\gamma=\overline{N}/N''$，γ 越大，表示日负荷变化越小。

(2) 日负荷分析曲线。又称日负荷累积曲线，是日负荷的出力值（kW）与其相应电量值（kWh）之间的关系曲线，见图 5.8，该曲线有以下 3 个特点。

1) 在最小负荷 N'以下，负荷无变化，gc 为一直线段。

2) 在最小负荷 N'以上，负荷有变化，故 cd 为上凹曲线段，d 点的横坐标即为一昼夜的电量 $E_{全日}$。

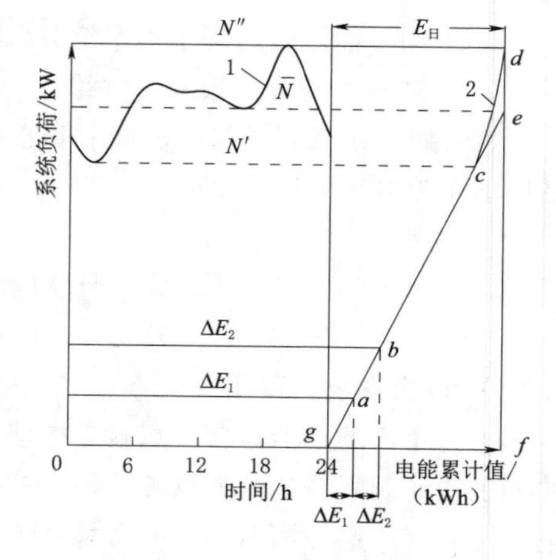

图 5.8　日负荷分析曲线

3）延长直线段 gc，与过 d 点的垂线 df 相交于 e 点，则 e 点的纵坐标就表示平均负荷 $\overline{N}$。

2. 年负荷图

年负荷图表示一年内电力系统负荷的变化过程。通常用两种年负荷图来分析研究电力系统负荷的年内变化情况。

（1）年最大负荷图。一年内各日的最大负荷值所连成的曲线，所以又称为日最大负荷年变化图，如图 5.9（a）所示。

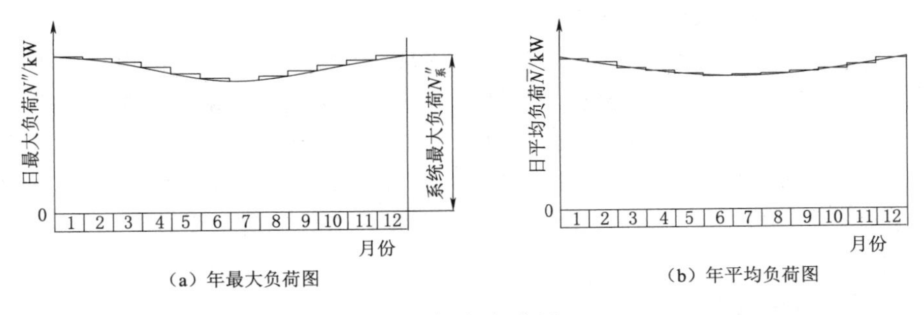

（a）年最大负荷图　　（b）年平均负荷图

图 5.9　年负荷图

年最大负荷图反映年内各日系统最大负荷及电力系统承担电力负荷的发电设备的工作容量的变化。系统内各电站装机容量的总和至少等于电力系统的最大负荷 $N''_{系}$。

（2）年平均负荷图。

年平均负荷图为一年内各日平均负荷值所连成的曲线，又称日平均负荷年变化图，如图 5.9（b）所示。

年平均负荷图反映系统负荷对各电站平均出力的要求，该曲线下面所包围的面积，就是电力系统各发电站在全年内所产生的电能量。

实际工作中，常以月为时段绘制上述两种年负荷图，纵坐标分别为月最大负荷和月平均负荷，因而年最大负荷图和年平均负荷图均具有阶梯形状，如图 5.9（a）、（b）所示。

反映电力系统负荷月内、季内和年内不均衡特性的三个指标值表述如下。

1）月负荷率 σ：表示在一个月内负荷变化的不均衡性，用该月的平均负荷 $\overline{N}_{月}$ 与最大负荷日的平均负荷 $\overline{N}_{日}$ 的比值表示，即

$$\sigma=\overline{N}_{月}/\overline{N}_{日} \tag{5.16}$$

2）季负荷率 ζ：表示一年内月最大负荷变化的不均衡性，用全年各月最大负荷 N''_i 和的平均值与年最大负荷 $N''_{年}$ 的比值表示：

$$\zeta=\sum_{i=1}^{12}N''_i/(12N''_{年}) \tag{5.17}$$

3）年负荷率 δ：表示一年的发电量 $E_{年}$ 与最大负荷 $N''_{年}$ 相应的年发电量的比值，即

$$\delta=E_{年}/(8760N''_{年})=h/8760 \tag{5.18}$$

式中　h——年最大负荷的利用小时数，h。

年最大负荷与年平均负荷可以通过日负荷分析曲线进行转化。具体方法如下。

1）选取年最大负荷图中某一月的负荷值，该值为该月最大负荷日的日最大负荷。

2）在该月典型日负荷图及其分析曲线上查到该负荷所对应的日电能，除以24h后即得该日的平均负荷，乘以该月的月负荷率得该月的月平均负荷。

3）将所得的月平均负荷绘到年平均负荷图相应的月份处。

4）对每个月均进行这样的转换，即可得年平均负荷图。

5.3.2 设计负荷水平年

电力系统的负荷，随着国民经济的发展逐年增长，因此规划设计电站时，必须考虑远景电力系统负荷的发展水平，与此负荷发展水平相适应的年份，称为电站的设计负荷水平年，该年的用电要求称为设计负荷水平。

《水电工程动能设计规范》（NB/T 35061—2015）规定："水电站的设计水平年，应根据电力系统的能源资源、水火电比重与设计水电站具体情况论证确定，可采用第一台机组投入后的5～10年。也可经过逐年电力、电量平衡，通过经济比较，在选择装机容量的同时一并选择。"实际上要确切预测设计水平年的负荷情况有一定的困难。《水电工程动能设计规范》（NB/T 35061—2015）又规定："设计水平年的负荷水平，可考虑一定的变化范围。"

5.3.3 电力系统的容量组成

电站的装机容量是指该电站上所有机组的额定容量（铭牌出力）之和。电力系统的装机容量便是所有电站的装机容量的总和，即

$$N_{系,装}=\sum N_{i,装} \tag{5.19}$$

式中 $N_{系,装}$——电力系统的装机容量，kW；

$N_{i,装}$——第 i 电站的装机容量，电站 i 可以是电力系统中的水电站、火电站、核电站、抽水蓄能电站、风电场、潮汐电站等，kW。

为了保证系统中各用户的用电，必须同时满足两个条件：容量平衡和电量平衡。根据设备容量的目的和作用，可将整个电力系统的装机容量划分如下几个部分。

1. 必须容量 $N_{系,必}$

以设计枯水年的水量作为设计依据，用以保证系统正常工作所必需的容量，包括最大工作容量和备用容量。

（1）最大工作容量 $N''_{工}$。直接分担系统最大负荷的容量，即为了满足最大负荷要求而设置的容量。

（2）备用容量 $N_{系,备}$。为了确保供电的可靠性和质量而设置的容量，包括以下3种。

1）负荷备用容量 $N_{系,负}$。为保证系统的正常工作，增设用以应付突然负荷跳动的备用容量。根据《水电工程动能设计规范》（NB/T 35061—2015）的规定，调整周波所需要的系统负荷备用容量，可采用系统最大负荷的2%～5%，大系统采用较小值，小系统采用较大值。

2）事故备用容量 $N_{系,事}$。为了避免因机组发生故障而影响系统正常供电设置的备用容量。根据《水电工程动能设计规范》（NB/T 35061—2015）的规定，电力系统事故备用容量可采用系统最大负荷的10%左右，但不得小于系统内最大一台机组的容量。

3）检修备用容量 $N_{系,检}$。为了延长机器寿命，减少事故，电站机组为满足定期轮流检修设置的备用容量。根据《水电工程动能设计规范》（NB/T 35061—2015）的规定，常

规水电站和抽水蓄能电站机组大修周期 2～3 年，每台机组检修时间 30d，但对多沙河流上的水电机组，可适当增加；火电机组大修周期 1～1.5 年，检修时间为 45d；核电站每台机组为 60d。常利用系统负荷较小时的空闲容量安排检修，如果系统年负荷图中没有足够的空闲容量，需设置一定的检修备用容量，一般尽量不设或少设置此部分备用容量。

2. 重复容量 $N_{系,重}$

该容量不是保证电力系统正常供电所必需的，只是为尽可能利用丰水年或平水年超过设计枯水年的那部分弃水量来发电所增加的机电容量。它不能替代和减少火电站煤耗，所以不能减少火电装机容量。

从设计的角度分析，对于电源结构中只有水、火电站的电力系统而言，其装机容量满足如图 5.10 所示关系。

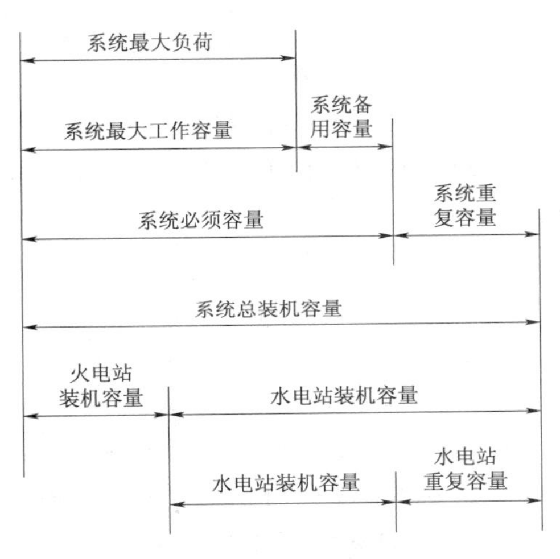

图 5.10 电力系统容量组成

从运行的角度分析，虽然系统和电站的装机容量已定，但并不是全部装机容量在任何时刻均能投入运行。比如，某些电站由于某种原因（如水电站水头不足或缺水，火电站燃料不足等）部分容量不能参加工作。这种在运行中因故不能参加工作的容量称为受阻容量 $N_{系,阻}$。系统总装机容量中除受阻容量外的其余部分称为可用容量 $N_{系,可}$。可用容量中为承担电力负荷而投入工作的容量称为工作容量 $N_{系,工}$，其余暂时闲置的称为待用容量。待用容量包括性质不同的两部分：一部分是备用容量 $N_{系,备}$，这部分容量虽未承担电力负荷，但是承担着系统的备用任务；另一部分是空闲容量 $N_{系,空}$，既未承担负荷，又未担任备用，但它可以根据系统需要随时投入运行，即

$$N_{系,装}=N_{系,可}+N_{系,阻}=N_{系,工}+N_{系,备}+N_{系,空}+N_{系,阻} \tag{5.20}$$

当然，系统中各部分容量值的大小不但随时间和条件会发生变化，而且在不同的电站、不同的机组上还会相互转换，但系统装机容量的基本组成是不变的。

5.4 水电站装机容量选择中的复杂问题

5.4.1 水电站装机容量确定的基本要求

水电站装机容量，是指水电站所有机组额定容量的总和，由水电站最大工作容量、备用容量和重复容量所组成。水电站最大工作容量，是指设计水平年电力系统负荷最高（一般出现在冬季枯水季节）时水电站能担负的最大发电容量。

确定水电站的最大工作容量，须研究系统中电力电量的供求关系，满足以下基本要求。

1. 系统电力平衡

系统电力平衡即系统内所有各电站的出力之和必须随时满足系统的负荷要求。在由水电站与火电站所组成的系统中，水、火电站的最大工作容量之和，必须等于电力系统的最大负荷，这是满足电力系统正常工作的第一个基本要求，即

$$N''_{水,工}+N''_{火,工}=p''_{系} \tag{5.21}$$

式中　$N''_{水,工}$、$N''_{火,工}$——系统内所有水、火电站的最大工作容量，kW；

$p''_{系}$——系统设计水平年的最大负荷，kW。

在设计水平年，系统中水电站包括规划拟建的水电站与已建成的水电站两大类。因此，规划拟建水电站的最大工作容量 $N''_{水,规}$ 须满足：

$$N''_{水,规}=N''_{水,工}-N''_{水,建} \tag{5.22}$$

2. 系统电量平衡

系统电量平衡指系统内所有电站在任一时段内的发电量之和必须与系统在该时段内的电量需求相平衡。在水、火电站混合电力系统中，任何时段内系统所要求保证的供电量 $E_{系,保}$ 需满足

$$E_{系,保}=E_{水,保}+E_{火,保} \tag{5.23}$$

式中　$E_{水,保}$——水电站能保证的出力与相应时段小时数的乘积，kWh；

$E_{火,保}$——火电站有燃料保证的工作容量与相应时段小时数的乘积，kWh。

3. 系统容量平衡

电力系统年负荷图上，所有水电站、火电站各时段所承担的工作容量及各种备用容量、空闲容量和受阻容量等分配要合理。

5.4.2　水电站最大工作容量的确定

水电站的保证电能，是指水电站在与其保证出力相对应的某一计算期内能够提供的电能值，是水电站在电力系统中能承担多大工作容量的依据。因水电站的保证出力及其相应的保证电能是符合设计保证率要求的，所以，以保证电能为控制所定出的水电站最大工作容量，即可满足电力系统正常工作的要求。水电站最大工作容量与其在电力系统日负荷图上的工作位置有关。

1. 无调节水电站最大工作容量的确定

无调节水电站任何时刻的出力均取决于天然流量的大小，为了充分利用其发电量，电站只能在日负荷图的基荷部位工作。所以，无调节水电站的最大工作容量 $N''_{无}$ 等于按设计保证率求出的保证出力 $N_{保,无}$，即

$$N''_{无}=N_{保,无} \tag{5.24}$$

式中　$N_{保,无}$——无调节水电站的保证出力，kW。

案例 5.7：求解案例 5.4 中无调节水电站的最大工作容量。

解：案例 5.4 通过水能计算已确定该无调节水电站的保证出力 $N_{保,无}=0.623$ 万 kW，则其最大工作容量 $N''_{无}=N_{保,无}=0.623$ 万 kW。

2. 日调节水电站最大工作容量的确定

（1）通过水能计算求出日调节水电站的保证出力 $N_{保,日}$。

(2) 计算水电站的日保证电能 $E_{保,日}$：

$$E_{保,日}=24N_{保,日} \tag{5.25}$$

(3) 根据系统设计水平年冬季典型日最大负荷图绘出其日电能累积曲线，见图5.11。

(4) 在日电能累积曲线的上端点 a 向左量取 $ab=E_{保,日}$，再由 b 点向下作垂线交日电能累积曲线于 c 点，bc 即表示日调节水电站的最大工作容量 $N''_{日}(N''_{水,工})$。

由 c 点作水平线与日负荷图相交，即可求出日调节水电站在系统中日负荷图上所担任的峰荷位置，如图5.11阴影部分所示。

根据以上原理，具有综合利用效益的日调节水电站最大工作容量可按下述步骤确定。

1) 确定其基荷工作容量。

2) 计算其峰荷部分工作的日平均出力 $\overline{N}_{峰}=N_{保,日}-N_{基}$

其中：

$$N_{基}=9.81\eta Q_{基}\overline{H}_{设} \tag{5.26}$$

3) 计算其日电能 $E_{峰}=24\overline{N}_{峰}$。

4) 计算其最大工作容量 $N''_{水,日}(N''_{水,工})=N_{基}+N_{峰}$，见图5.12。

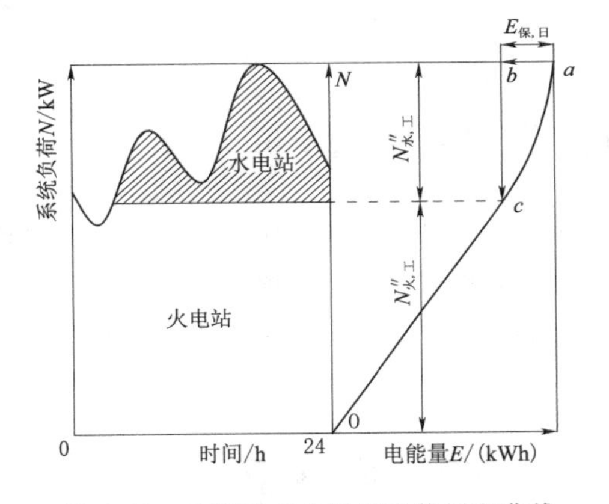

图5.11 日调节水电站日电能累积曲线

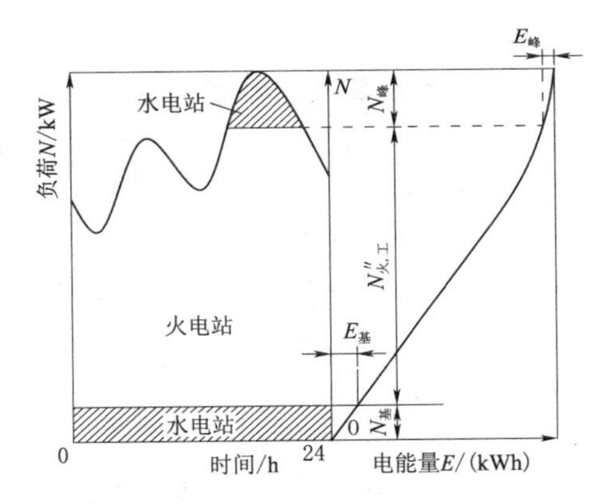

图5.12 有综合利用要求时日调节水电站最大工作容量确定

3. 年调节水电站最大工作容量的确定

供水期，为了充分发挥水电站的作用，应使水电站担任系统峰荷。其最大工作容量计算步骤如下。

(1) 通过水能计算，确定年调节水电站的保证出力 $N_{保,年}$。

(2) 计算设计枯水年供水期所能提供的保证电能 $E_{保,供}$。

$$E_{保,供}=N_{保,年}T_{供} \tag{5.27}$$

式中 $T_{供}$——设计枯水年供水期的小时数，h。

(3) 在系统年负荷图上假设若干个水电站最大工作容量方案，并将其工作位置绘在各月的典型日负荷图上。

(4) 通过各月典型日负荷图中的日负荷分析曲线定出相应于水电站各最大工作容量假

设方案的日电能量。

(5) 对每个方案，将供水期各月水电站在相应月典型日负荷图上的日电能量相加并乘以月小时数 30.4，求得各方案的保证电能。

(6) 绘制水电站各个最大工作容量方案与其相应的供水期保证电能的关系曲线 ($E-N$ 曲线)。

(7) 根据已确定的设计枯水年保证电能查 $E-N$ 曲线，求出年调节水电站的最大工作容量。

4. 多年调节水电站最大工作容量的确定

多年调节水电站最大工作容量的计算原则和方法与年调节水电站的情况相似，区别如下。

年调节水电站只计算设计枯水年供水期的平均出力（保证出力）及保证电能，按水电站在枯水年供水期担任系统峰荷的要求，求出所需的最大工作容量；多年调节水电站则需计算设计枯水系列年的平均出力（保证出力）及其年保证电能，然后按水电站在枯水年全年担任系统峰荷的要求，将年保证电能量在全年内加以合理分配，使设计水平年系统内拟建水电站的最大工作容量尽可能大，以便减小火电站工作容量，进而节省系统对水、火电站的总投资。

5.4.3　水电站备用容量的确定

水电站在电力系统中最适合于担任系统的调峰、调频和事故备用等任务。

1. 负荷备用容量

担任电力系统负荷备用容量的电站，被称为调频电站。一般情况下，应优选调节性能较好、靠近负荷中心的具有大型库容和机组的坝后式水电站作为调频电站。

实际运行中，负荷备用容量在年内不同时期可在不同电站间互相转移，但必须由正在运转的机组承担。

2. 事故备用容量

考虑到事故备用容量的使用时间可能比较长，承担系统事故备用的各类电源，均应具有相应的能力或燃料储备。根据规范规定，承担事故备用的水电站，应在水库内预留所承担事故备用容量 $N_{水,事}$ 在基荷连续运行 3～10d ($T=72\sim240$h) 的备用容积（水量）$V_{事,备}$，即

$$V_{事,备}=\frac{TN_{水,事}}{0.00272\eta H_{\min}} \tag{5.28}$$

当算出的 $V_{事,备}$ 小于水库兴利库容的 5%时，则可不专设事故备用库容。

事故备用容量的选择，除了考虑上述技术条件外，还需考虑经济条件，即尽可能使系统节省投资与年运行费。系统事故备用容量在初步分析时，可按水、火电站最大工作容量的比例分配，进而得到水电站的事故备用容量 $N_{水,事}$，即

$$N_{水,事}=\frac{N''_{水,工}}{N''_{水,工}+N''_{火,工}}N_{系,事} \tag{5.29}$$

实际设计中，一般根据运行经验确定事故备用容量。对于调节性能良好和靠近负荷中

心的大型水电站，可以多设置一些事故备用容量。

3. 检修备用容量

在系统日最大负荷年变化曲线图中，$N''_{系}$水平线与负荷曲线之间的面积（左斜阴影线部分）（图 5.13），表示在此时间内未被利用的空闲容量，可以用来安排机组进行计划检修，该面积称为检修面积 $F_{检}$。

检修面积 $F_{检}$应该足够大，使系统内所有机组在规定时间内都可以按计划安排检修。如果检修面积不够大，则须另外设置检修备用容量 $N_{检,备}$，见图 5.13 中右斜阴影线部分。系统检修备用容量的设置，应根据电站的实际情况通过技术经济论证确定。由于火电站有燃料保证，故一般将检修备用容量设置在火电站上。

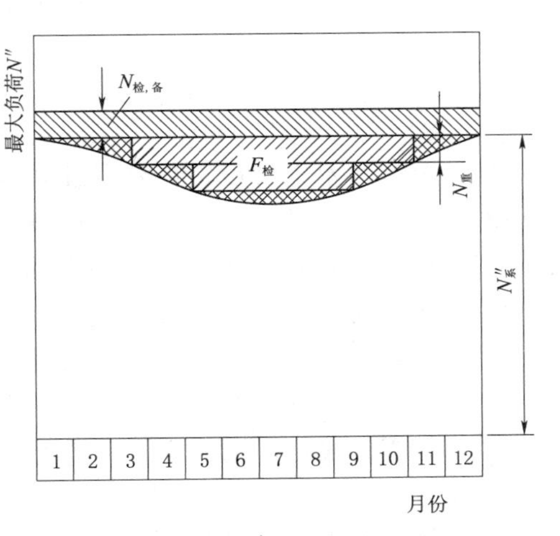

图 5.13　系统日最大负荷年变化曲线

5.4.4　水电站重复容量的选定

为使无调节水电站及调节性能较差的水电站尽可能充分利用汛期内弃水发电，提高径流利用率，可考虑设置重复容量，适当加大水电站的装机容量，节省煤耗，但它并不能替代火电站的工作容量。

重复容量的设置和季节性电能的利用是否经济合理，一方面与弃水量利用程度有关，另一方面与替代火电站煤耗的经济指标有关。需进行动能经济分析，还要考虑季节性电能能否有效地得到全部利用，以确定设置重复容量的合理性，步骤如下。

（1）确定水电站重复容量的年利用小时数。

年补充千瓦利用小时数是指每增加 1kW 容量在全年中可用于增发季节性电能的小时数。

假设额外设置的重复容量为 $\Delta N_{重}$，平均每年工作小时数为 $h_{经济}$，则每年生产的季节性电能为 $\Delta E_{季}=\Delta N_{重}\ h_{经济}$，相应的火电站总计算支出为

$$\Delta u_{火}=abS\Delta E_{季}=abS\Delta N_{重}\ h_{经济} \tag{5.30}$$

式中　b——每度电能消耗的燃料，kg/(kWh)；

S——每公斤燃料到厂价格，元/kg；

a——水、火电站厂内用电差别系数。由于火电站厂内用电较多，水电站发 1kWh 电可替代火电发 1.05kWh 电，故 $a=1.05$。

水电站总计算支出为

$$\Delta u_{水}=\Delta N_{重}\ k_{水}\left[\frac{r(1+r)^n}{(1+r)^n-1}+P_{水}\right] \tag{5.31}$$

式中　$k_{水}$——水电站补充千瓦投资，元/kW；

$P_{水}$——水电站补充千瓦容量的年运行费用率，$P_{水}=5\%\sim6\%$；

n——重复容量设备的经济寿命，$n=25$ 年；

r——年利率。

比较式（5.30）和式（5.31）得设置补充千瓦重复容量的经济条件为

$$\Delta u_{火} \geqslant \Delta u_{水}$$

即
$$abS\Delta N_{重}\, h_{经济} \geqslant \Delta N_{重}\, h_{水}\, k_{水}\left[\frac{r(1+r)^n}{(1+r)^n-1}+P_{水}\right]$$

得
$$h_{经济} \geqslant k_{水}\left[\frac{r(1+r)^n}{(1+r)^n-1}+P_{水}\right]/(abS) \tag{5.32}$$

即：只有当水电站设置重复容量的实际工作小时数满足上述经济条件式时，增设相应大小的重复容量在动能经济上才是有利的。故称 $h_{经济}$ 为重复容量经济利用小时数。

（2）由 $h_{经济}$ 即可在水电站 $N-T$ 曲线中查得经济合理的重复容量值。

1. 无调节水电站重复容量的选定

无调节水电站重复容量的确定见图5.14。

（1）利用水能计算求得日平均出力持续曲线 a（图5.14）。

（2）根据已确定的重复容量经济利用小时数 $h_{经济}$，在图5.14查得相应的水电站装机容量 $N_{装,无}$。

（3）计算其重复容量为 $N_{重,无}=N_{装,无}-N''_{无}$。

2. 日调节水电站重复容量的选定

日调节水电站在枯水期内一般担任电力系统的峰荷，在汛期内当必需容量 $N_{必}$ 全部担任基荷后还有弃水时才考虑设置重复容量。日调节水电站重复容量的确定见图5.15，其确定步骤如下。

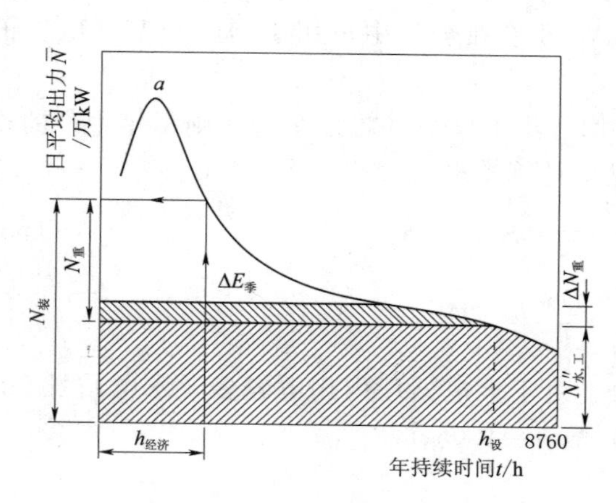

图5.14　无调节水电站重复容量的确定

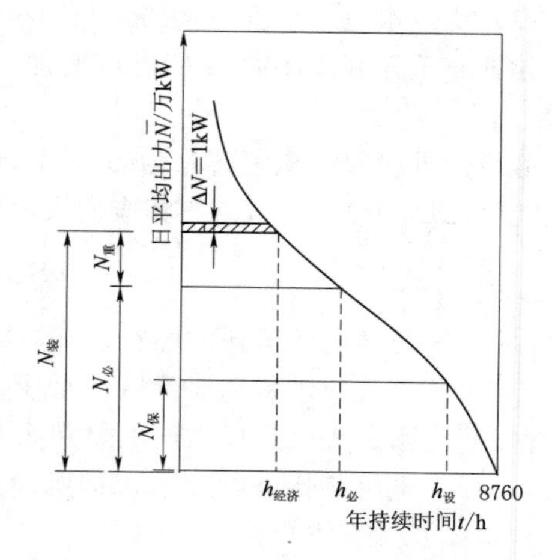

图5.15　日调节水电站重复容量的确定

（1）通过水能调节计算，绘制日调节水电站的日平均出力持续曲线 b，见图5.15。

（2）在曲线上根据 $N_{必}$ 查到 $h_{必}$（相应于必需容量的补充单位千瓦年利用小时数）。

（3）当 $h_{必} \geqslant h_{经济}$ 时，在曲线上由 $h_{经济}$ 查得装机容量 $N_{装}$，否则不设置 $N_{重}$。

（4）计算其重复容量 $N_{重}=N_{装}-N_{必}$。

3. 年调节水电站重复容量的选定

（1）对全部径流系列进行调节计算和水能计算，确定水电站在充分利用必需容量 $N_{必}$ 发电的前提下，绘制历年弃水出力过程线，如图 5.16 所示。

（2）计算弃水出力并统计其频率，绘制弃水出力年持续曲线（图 5.17）。

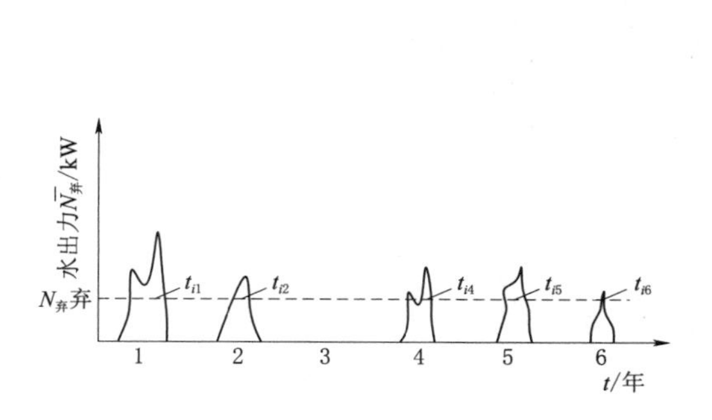

图 5.16　历年弃水出力过程线

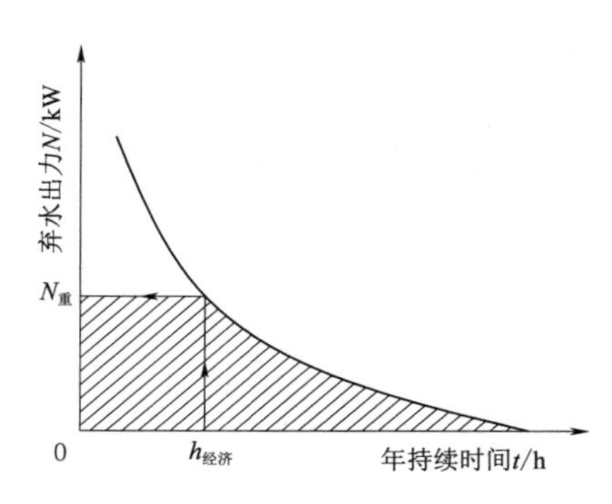

图 5.17　弃水出力年持续曲线

（3）计算 $h_{经济}$。

（4）当 $h_{经济} \geqslant h_{弃出力}$ 时，曲线上查得应设置的重复容量 $N_{重}$，否则不设置重复容量。

5.4.5　水电站装机容量选择及其合理性分析

1. 装机容量选择步骤

（1）装机容量初选值 $N_{装}=N''_{水,工}+N_{水,备}+N_{重}$。

（2）方案比选，确定最终装机容量值。以该初选值为基础，在其值附近的一定范围内，结合机组型号、台数、转速、直径的选择，拟订几个装机容量方案，对每一方案，通过电力系统电力（容量）平衡和电量平衡分析，以及其他相关因素的综合分析，检查其是否满足相关的要求；再通过经济计算，求出各方案的投资和运行费用，并对各方案进行综合的技术经济比较，最终选出最优的水电站装机容量方案。

2. 系统容量平衡分析

通过容量平衡分析，主要检查下列问题。

（1）系统负荷是否能被各种电站所承担，在哪些时间内由于何种原因使电站容量受阻而影响系统正常供电。

（2）在全年各个时段内，是否都留有足够的负荷备用容量担任系统的调频任务，是否已在水、火电站之间进行合理分配。

（3）在全年各个时段内，是否都留有足够的事故备用容量，如何在水电站、火电站之间进行合理分配，水电站水库有无足够备用蓄水量保证事故用水。

（4）在年负荷低落时期，是否能使系统内所有机组按计划进行检修，要注意在汛期内适当多安排火电机组检修，而使水电机组尽量多利用弃水量，增发季节性电能。

（5）水库的综合利用要求是否能得到满足，例如在灌溉季节，水电站下泄流量是否能满足下游地区灌溉要求，是否能满足下游航运要求的水深等。如有矛盾，应分清主次，合理安排。

案例 5.8：已知某电力系统由已建火电站、无调节水电站（案例 5.4）各 1 个组成，随经济社会发展，为满足电力系统各电力用户用电发展的需求，拟建一年调节水电站（案例 5.5）。根据已有相关资料，确定拟建水电站的装机容量。其他已知资料如下。

（1）电力系统已知的水能基础资料。已知设计水平年其最大负荷为 55 万 kW，其年负荷图（年最大负荷的百分比）和典型日负荷图（最大负荷百分比）分别见表 5.15、表 5.16。已有火电站的总装机容量为 59 万 kW，其机组为 7 台×7.0 万 kW；5 台×2.0 万 kW。

表 5.15　电力系统年负荷图

季节	冬		春			夏			秋			冬
月份	1	2	3	4	5	6	7	8	9	10	11	12
最大负荷/%	98	96	94	92	90	88	90	92	94	96	98	100

表 5.16　电力系统典型日负荷图（表中数据为实际负荷与系统年最大负荷百分比）

时序/h	1	2	3	4	5	6	7	8	9	10	11	12
12 月	74	72	70	68	72	74	80	88	96	92	88	84
3 月、9 月	70	68	66	64	66	70	74	78	86	84	80	78
7 月	67	65	63	61	63	67	71	75	82	80	77	75
时序/h	13	14	15	16	17	18	19	20	21	22	23	24
12 月	80	82	84	86	90	94	100	98	94	90	82	78
3 月、9 月	76	80	82	84	86	90	94	92	88	86	80	74
7 月	73	77	79	80	82	86	90	88	84	82	77	70

（2）电力系统有关的经济资料。

1）水电站增加单位千瓦投资 $k_{水}$=800 元/kW。

2）$p_{水}$=5%～6%；$T_{抵}$=20 年。

3）α=1.05；μ（火电站每度电燃料等年运转费）=0.18 元；$k_{燃}$=0.05 元。

解：1）最大工作容量的计算。

a. 无调节水电站最大工作容量的计算。由案例 5.7 已确定无调节水电站最大工作容量 $N''_{无}=N_{无,保}$=0.623 万 kW。

b. 年调节水电站最大工作容量计算。

（a）根据电力系统设计水平年最大负荷（$p''_{系}$=55 万 kW）及其年最大负荷百分比（表 5.16）绘制电力系统最大年负荷图，见图 5.18。

（b）假设水电站最大工作容量若干方案，如 $N''_{水1}$=18 万 kW，$N''_{水2}$=25 万 kW，$N''_{水3}$=30 万 kW，并将各方案绘在系统最大年负荷图上，如图 5.18 所示。分别量取或计算各方案供水期水电站各月最大工作容量：

$$N''_{水i,j}=N''_{水i}-(p''_{系}-N''_{系j})$$

式中 i——方案序号（$i=1$，2，3）；

j——供水期月份序号（$j=12$，1，2，3）。

本案例中 $N''_{水1,12}=N''_{水1}-(p''_{系}-N''_{系12})=18-(55-55)=18$(万 kW)。

(c) 将确定的 $N''_{水i,j}$ 分别绘制在电力系统对应第 j 月的典型日负荷图上。图 5.19 为 12 月典型日负荷图，根据该图日负荷分析曲线可查得各最大工作容量方案 $N''_{水i,12}$ 分别对应的日电能量 $E_{i,12}$。以 $N''_{水1}$ 为例：$N''_{水1,12}=18$ 万 kW，得 $E_{1,12}=220$ 万 kWh；同理，确定该方案供水期各月对应的日电能量 $E_{1,j}$，可求得该方案供水期要求的保证电能 $E_{保,供1}$，即

$$\begin{aligned}E_{保,供1}&=30.4\sum_{j}E_{1,j}\quad(j=12,1,2,3)\\&=30.4\times(220+193.6+167.2+154)\\&=22337.92(万\ kWh)\end{aligned}$$

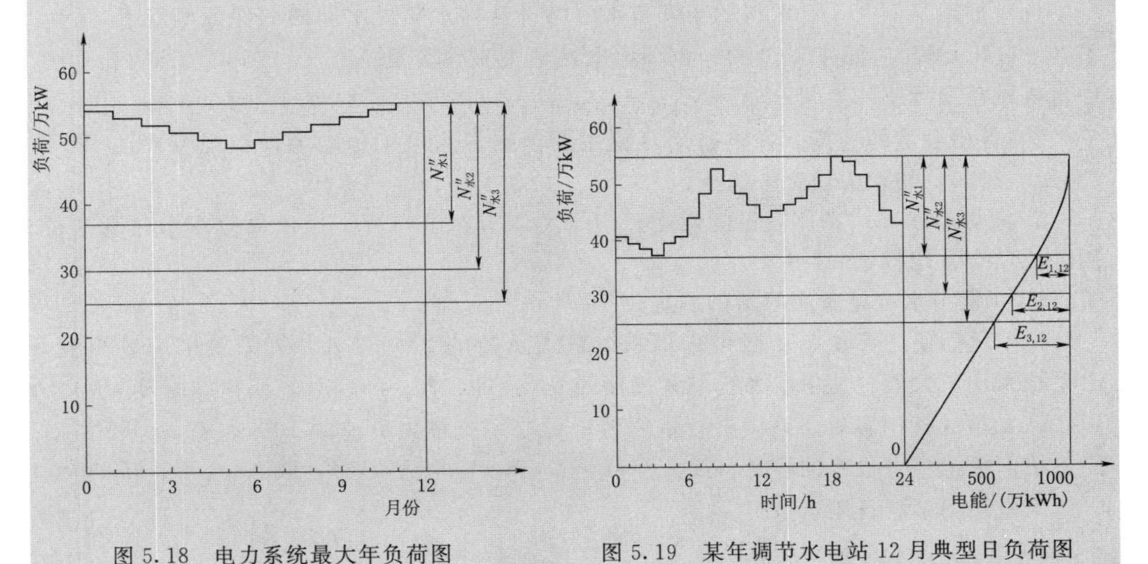

图 5.18 电力系统最大年负荷图

图 5.19 某年调节水电站 12 月典型日负荷图

同样过程可定出 $N''_{水2}$、$N''_{水3}$ 方案所要求供水期的保证电能 $E_{保,供2}$、$E_{保,供3}$，见表 5.17。

表 5.17 年调节水电站各最大工作容量方案供水期保证电能计算表

最大工作容量方案 $N''_{水i}$ /万 kW		各方案供水期各月最大工作容量 $N''_{水i,j}$/(万 kW)				各方案供水期各月对应的日电能量 $E_{i,j}$/(万 kWh)				各方案供水期保证电能 $E_{保,供i}$ /(万 kWh)
		$j=12$	$j=1$	$j=2$	$j=3$	$j=12$	$j=1$	$j=2$	$j=3$	
$i=1$	18	18	16.9	15.8	14.7	220	193.6	167.2	154	22337.92
$i=2$	25	25	23.9	22.8	21.7	388	361.6	335.2	322	42766.72
$i=3$	30	30	28.9	27.8	26.7	508	481.6	455.2	442	57358.72

(d) 根据水电站各最大工作容量方案 $N''_{水i}$ 与其对应的保证电能 $E_{保,供i}$，绘制 $N''_{水i}$ - $E_{保,供i}$ 曲线，如图 5.20 所示。

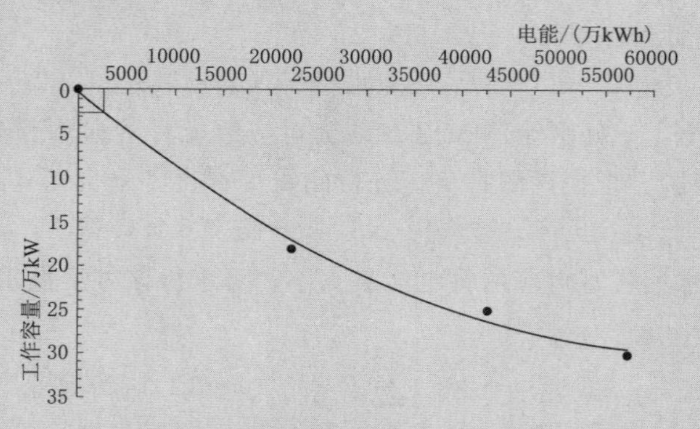

图 5.20　年调节水电站最大工作容量保证电能曲线图

(e) 根据案例 5.5 已求得的年调节水电站设计枯水年供水期内的保证电能 $E_{保,供}$ = 2537.55 万 kWh，查图 5.20 得年调节水电站最大工作容量 $N''_{水年}=2.537$ 万 kW。系统中水电站总最大工作容量 $N''_{水}=N''_{水,年}+N''_{水,无}=2.537+0.623=3.16$(万 kW)。

2) 备用容量的选择。各类备用容量主要根据《水电工程动能设计规范》(NB/T 35061—2015) 的相关规定来选择。

a. 无调节水电站备用容量的确定。由于无调节水电站无法担任负荷备用与事故备用，故没有备用容量。

b. 年调节水电站备用容量的确定。

(a) 负荷备用容量。一般可采用系统最大负荷的 2%～5%，大系统采用较小值，小系统采用较大值。这里取系统最大负荷的 4%，即：$N_{负,备}=4\%\times55=2.2$(万 kW)。

(b) 事故备用容量。系统事故备用容量可取系统最大负荷的 10%左右，但不得小于系统内最大一台机组的容量。$N_{系,事}=10\%\times55=5.5$(万 kW)，取 $N_{系,事}=7$ 万 kW。

水电站的事故备用容量：

$$N_{水,事}=\frac{N''_{水,年}}{N''_{水,年}+N''_{火}}N_{系,事}=\frac{2.537}{55}\times7=0.323(\text{万 kW})$$

则水电站的备用容量为

$$N_{水,备}=N_{负,备}+N_{水,事}=2.2+0.323=2.523(\text{万 kW})$$

(c) 检修备用容量。系统检修备用容量的设置，应根据电站的实际情况通过技术经济论证确定。由于火电站有燃料保证，故一般将检修备用容量设置在火电站上。本案例中检修工作由系统空闲期完成，不专门设置检修备用容量。

3) 重复容量的选择。

a. 水电站重复容量的年利用经济小时数 $h_{经济}$ 为

$$h_{经济}\geqslant\frac{k_{水}(1+pT_{抵})}{\alpha(k_{燃}+\mu T_{抵})}=\frac{800\times(1+5\%\times20)}{1.05\times(0.05+0.18\times20)}=417.48(\text{h})$$

b. 无调节水电站重复容量的确定。因为无调节水电站的最大工作容量等于水电站的保证出力，且其无法担任负荷备用和事故备用，即必须容量 $N_{必}$ 为最大工作容量。

在案例 5.4 水能计算求得的日平均出力保证率 $N-P$ 曲线（图 5.5）上，将保证率 $P=100\%$ 改成一年的持续时间 $T=8760$h，则任一保证率 P_i 相应的持续时间为 $T_i=P_i\times8760$，得到持续时间坐标 T(h)，由此将水流出力保证率曲线转换为水流出力持续曲线，见图 5.21。

根据已确定的重复容量经济利用小时数 $h_{经济}$，在图 5.21 上查得无调节水电站相应的装机容量 $N_{装,无}=3.86$ 万 kW，则重复容量 $N_{重,无}=N_{装}-N''_{无}=3.237$ 万 kW。

当选定水电站装机容量后，在图上按“装机切头”去掉超过装机容量的那部分水流出力（即弃水出力），装机容量线以下出力持续曲线所包围的面积（图 5.22 中阴影线所示），即为所求的水电站多年平均年发电量。即

$$\overline{E}_{无}=0.5\times(417.48+8760\times85\%)\text{h}\times3.86\text{ 万 kW}=15176.52\text{ 万 kWh}$$

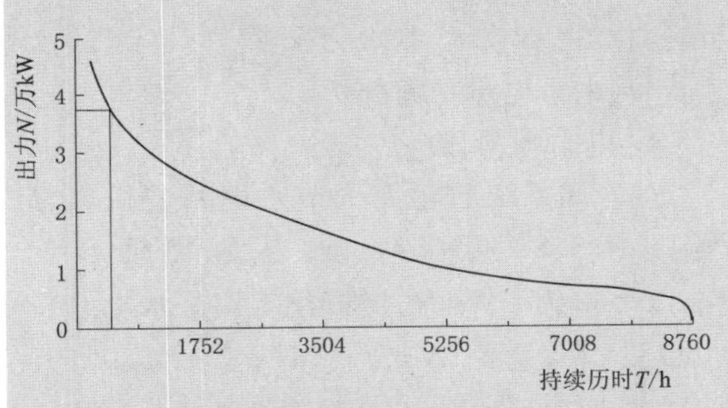

图 5.21　无调节水电站水流出力持续曲线

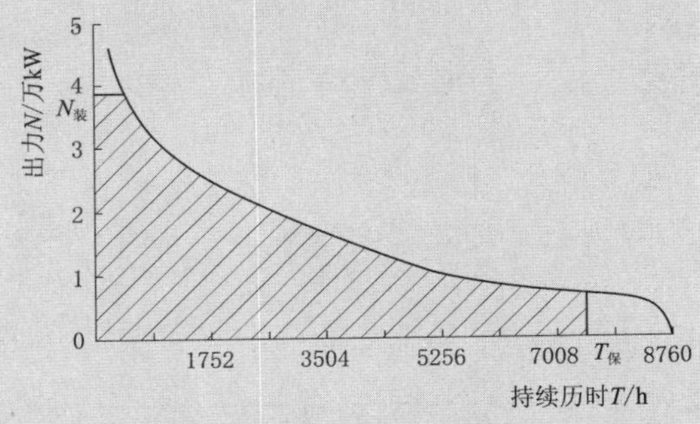

图 5.22　无调节水电站水能计算图

c. 年调节水电站重复容量的确定。年调节水电站必须容量 $N_{必}=N''_{水,年}+N_{水,备}=2.537+2.523=5.06$(万 kW)

(a) 弃水流量的确定。在对三个代表年各自径流调节计算的基础上，分别计算枯水年、平水年、丰水年三个代表年的弃水流量，以必需容量为出力控制上限，超过该出力的流量为弃水量，即弃水出力 $N_{弃}=N_i-N_{必}$。

因为本案例中年调节水库枯水年所有月份出力均小于 $N_{必}$，所以无弃水。平水年只有 8 月出力大于 $N_{必}$，根据 $N_{弃}=N_i-N_{必}$ 得该月弃水出力：$6.05-5.06=0.99$(万 kW)，则 $Q_{弃}=\dfrac{10000\times N_{弃}}{8.62H}=11.33(\text{m}^3/\text{s})$。丰水年计算月份为 7 月、8 月。各弃水月份弃水量及出力计算见表 5.18。

(b) 弃水出力持续曲线的绘制。将弃水出力按由大到小的顺序排列，统计各弃水出力值相应的历年总持续时间和多年平均持续时间。其中：持续时间＝月数×730h/月，年平均持续时间＝持续时间/年数（本案例中年数为 2 年），具体计算见表 5.19。

表 5.18　　年调节水电站各代表年弃水出力及流量计算表

代表年	月份	天然流量 /(m^3/s)	引用流量 /(m^3/s)	弃水流量 /(m^3/s)	平均水头 /m	出力 /万 kW	弃水出力 /万 kW
平水年	8	86.9	77.46	11.33	101.40	6.05	0.99
丰水年	7	87	84.18	14.81	84.62	6.14	1.08
	8	90.8	84.18	17.72	88.35	6.41	1.35

表 5.19　　年调节水电站弃水出力年历时计算表

弃水流量 /(m^3/s)	平均水头 /m	弃水出力 /万 kW	排序出力 /万 kW	累积时间 /月	累积时间 /h	年平均持续时间 /h
11.33	101.40	0.99	1.35	1	730	365
14.81	84.62	1.08	1.08	2	1460	730
17.72	88.35	1.35	0.99	3	2190	1095

根据排序出力和年平均持续时间绘制曲线，如图 5.23 所示。

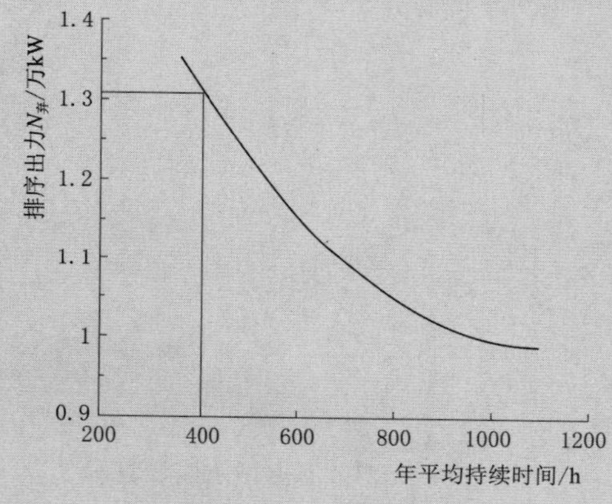

图 5.23　年调节水电站排序出力年持续历时曲线

根据 $h_{经济}=417.48$h 查排序出力年持续历时曲线得 $N_{重}=1.312$ 万 kW。

4）电力电量平衡分析。

a. 电力平衡分析。

(a) 因系统已建无调节水电站装机容量 $N_{装,无}=3.86$ 万 kW，火电站装机容量 $N_{装,火}=52$ 万 kW，初定拟建年调节水电站装机容量 $N_{装,年}=N_{必,年}+N_{重,年}=5.06$ 万 kW+1.312 万 kW=6.372 万 kW。

(b) 在已预测系统设计水平年负荷（55 万 kW）的基础上，分析电力系统枯水年电力平衡关系，见表 5.20。分析显示：设计水平年该电力系统最大工作容量满足要求，水电系统所缺 0.763 万 kW 的峰荷出力由火电系统提供。

表 5.20　　电力系统枯水年电力平衡表（负荷水平年选择设计水平年）　　单位：MW

容量类别	电力系统											
	一	二	三	四	五	六	七	八	九	十	十一	十二
最大负荷	539.00	528.00	517.00	506.00	495.00	484.00	495.00	506.00	517.00	528.00	539.00	550.00
负荷备用	22.00	22.00	22.00	22.00	22.00	22.00	22.00	22.00	22.00	22.00	22.00	22.00
事故备用	70.00	70.00	70.00	70.00	70.00	70.00	70.00	70.00	70.00	70.00	70.00	70.00
检修容量	0	0	0	0	0	0	0	0	0	0	0	0
必需容量	631.00	620.00	609.00	598.00	587.00	576.00	587.00	598.00	609.00	620.00	631.00	642.00
受阻容量	0	0	0	0	0	0	0	0	0	0	0	0
空闲容量	61.32	72.32	83.32	94.32	105.32	116.32	105.32	94.32	83.32	72.32	61.32	50.32
装机容量	692.32	692.32	692.32	692.32	692.32	692.32	692.32	692.32	692.32	692.32	692.32	692.32

续表

水电系统												
容量类别	一	二	三	四	五	六	七	八	九	十	十一	十二
工作容量	31.60	9.60	−1.40	28.48	28.48	28.48	28.48	28.48	28.48	28.48	28.48	31.60
负荷备用	22.00	22.00	22.00	22.00	22.00	22.00	22.00	22.00	22.00	22.00	22.00	22.00
事故备用	3.23	3.23	3.23	3.23	3.23	3.23	3.23	3.23	3.23	3.23	3.23	3.23
检修容量	0	0	0	0	0	0	0	0	0	0	0	0
必需容量	56.83	34.83	23.83	53.71	53.71	53.71	53.71	53.71	53.71	53.71	53.71	56.83
受阻容量	0	0	0	0	0	0	0	0	0	0	0	0
空闲容量	56.49	67.42	78.42	48.54	48.54	48.54	48.54	48.54	48.54	48.54	48.54	45.42
装机容量	102.32	102.32	102.32	102.32	102.32	102.32	102.32	102.32	102.32	102.32	102.32	102.32
火电系统												
容量类别	一	二	三	四	五	六	七	八	九	十	十一	十二
工作容量	518.40	518.40	518.40	477.52	466.52	455.52	466.52	477.52	488.52	499.52	510.52	518.40
负荷备用	0	0	0	0	0	0	0	0	0	0	0	0
事故备用	66.77	66.70	66.70	66.70	66.70	66.70	66.70	66.70	66.70	66.70	66.70	66.70
检修容量	0	0	0	0	0	0	0	0	0	0	0	0
必需容量	585.17	585.10	585.10	544.22	533.22	522.22	533.22	544.22	555.22	566.22	577.22	585.10
受阻容量	0	0	0	0	0	0	0	0	0	0	0	0
空闲容量	4.83	4.90	4.90	45.78	56.78	67.78	56.78	45.78	34.78	23.78	12.78	4.90
装机容量	590.00	590.00	590.00	590.00	590.00	590.00	590.00	590.00	590.00	590.00	590.00	590.00
拟建水电站												
容量类别	一	二	三	四	五	六	七	八	九	十	十一	十二
保证出力	14.37	3.37	−7.63	22.25	22.25	22.25	22.25	22.25	22.25	22.25	22.25	25.37
工作容量	38.49	38.49	38.49	38.49	38.49	38.49	38.49	38.49	38.49	38.49	38.49	38.49
负荷备用	22.00	22.00	22.00	22.00	22.00	22.00	22.00	22.00	22.00	22.00	22.00	22.00
事故备用	3.23	3.23	3.23	3.23	3.23	3.23	3.23	3.23	3.23	3.23	3.23	3.23
检修容量	0	0	0	0	0	0	0	0	0	0	0	0
受阻容量	0	0	0	0	0	0	0	0	0	0	0	0
空闲容量	0	0	0	0	0	0	0	0	0	0	0	0
装机容量	63.72	63.72	63.72	63.72	63.72	63.72	63.72	63.72	63.72	63.72	63.72	63.72

b. 电量平衡分析。

基于设计水平年电量预测基础上的电力系统电量平衡分析见表 5.21。设计水平年电力系统电网余电量 2.45 亿 kWh，可向主网返送以节约煤耗，其余季节性电能可在本系统电网中就地消化。

需要强调的是：在电力系统年平均负荷图上，根据已计算的相关数据可绘制系统电能平衡图。其中：电力系统年平均负荷图可通过日负荷分析曲线由年最大负荷图转化：先选取年最大负荷图中某一月的负荷值，该值为该月最大负荷日的日最大负荷，在该月典型日负荷图及其分析曲线上可以查到该负荷所对应的日电能，除以 24h 后即得该日的平均负荷，乘以该月的月负荷率得该月的月平均负荷，将所得的月平均负荷绘到年平均

表5.21 电力系统年电量平衡表（负荷水平年选择设计水平年）

序号	项 目	电量/(亿 kWh)	备 注
1	年需电量	36.27	1. 括弧里为装机容量。 2. 所余电量2.45亿kWh均为季节性电能。
2	可供工作容量（692.32MW）	38.72	
2.1	水电（102.32MW）	3.61	
2.1.1	已建水电（38.6MW）	1.51	
2.1.2	拟建水电（63.72MW）	2.10	
2.2	火电（590MW）	35.11	
2.2.1	已建火电（590MW）	35.11	
3	工作出力余（+）缺（-）	+2.45	

负荷图相应的月份处。对每个月均进行这样的转换，即可得年平均负荷图。

初步确定拟建年调节水电站装机容量为6.372万kW。

第6章　水库调度中的复杂计算问题

内容导读：本章介绍水库调度问题，主要讨论水力发电水库、灌溉为主水库调度图的绘制。

教学目标及要求：通过本章学习，应掌握以灌溉为主要任务水库及水力发电水库基本调度线的计算与绘制方法。

6.1　水库调度中的复杂计算问题

6.1.1　水库调度的意义及调度图

水库工程建成后，工程效益能否充分发挥至关重要。实践中，为了避免因管理不当造成水资源利用效益损失，或将这种损失减小到最低限度，需要对水库的运行进行合理的控制，即进行水库运行调度，简称“水库调度”。

水库调度一般通过水库调度图来实现。调度图由一些基本调度线组成，这些调度线是具有控制性意义的水库蓄水量（或水位）变化过程线，不仅可用以指导水库的运行调度，提高各水利部门的工作可靠性和水量利用率，更好地发挥水库的综合利用作用，还可用来合理决定和校核水电站的主要参数。年调节水库调度图如图6.1，多年调节灌溉水库调度图如图6.2所示。

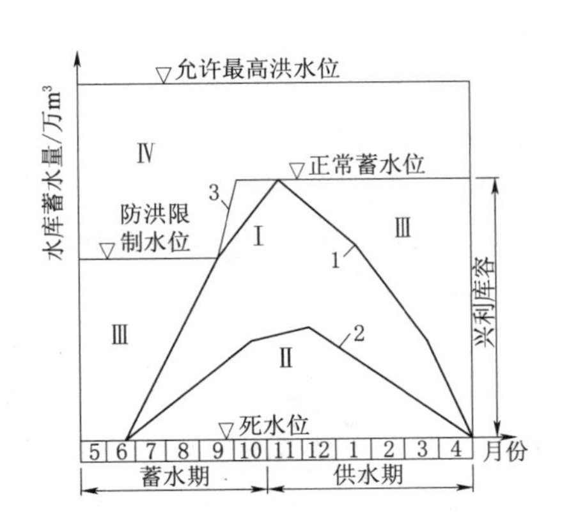

图6.1　年调节水库调度图

1—防破坏线；2—限制供水线；3—防洪调度线；

Ⅰ—正常供水区；Ⅱ—减小供水区；

Ⅲ—加大供水区；Ⅳ—调洪区

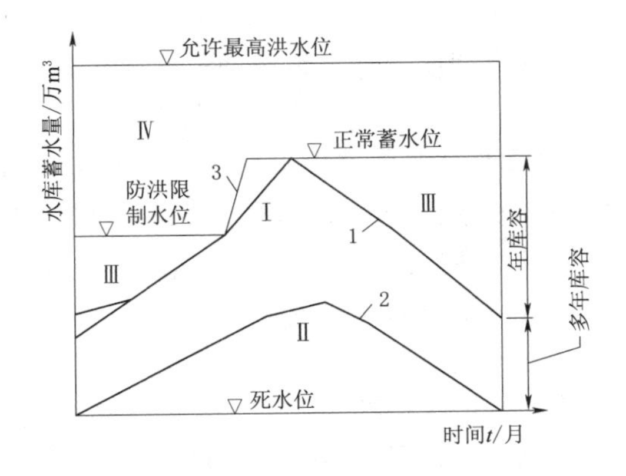

图6.2　多年调节灌溉水库调度图

1—加大供水线；2—限制供水线；3—防洪调度线；

Ⅰ—正常供水区；Ⅱ—减小供水区；

Ⅲ—加大供水区；Ⅳ—调洪区

6.1.2　绘制水库调度图的基本依据

绘制水库调度图的基本依据如下。

（1）来水径流资料，包括时历特性资料（如历年逐月或旬的平均来水流量资料）和统计特性资料（如年或月的频率特性曲线）。

（2）水库特性资料和下游水位、流量关系资料。

（3）水库的各种兴利特征水位和防洪特征水位等。

（4）灌溉用水过程线。

（5）水电站保证出力图。

（6）其他综合利用要求，如灌溉、航运等部门的要求。

说明：水库调度图是根据过去的水文资料绘制出来的，它只是反映了以往资料中几个带有控制性的典型情况，不能包括将来可能出现的各种径流特性。为了能够使水库做到有计划地蓄水、泄水和利用水，充分发挥水库的调度作用，获得尽可能大的综合利用效益，应该把调度图和水文预报结合起来考虑，根据水文预报成果和各部门的实际需要进行合理的水库调度。

同时，水库调节性能有差异，主要功能不同，其调度运行方法也不尽相同，本章依然以年调节水库运行调度为例，介绍灌溉为主水库的调度图及水力发电水库调度图绘制的基本过程。

6.2　灌溉为主的水库调度图的绘制

水库灌溉调度的目的是合理解决河流天然来水与灌溉用水之间的矛盾。在水库灌溉调度过程中，调度图起着重要的指导作用。灌溉调度图的绘制方法以案例形式叙述如下。

案例 6.1：某年调节水库工程以灌溉为主，兼有供水、防洪等综合利用效益。灌溉设计保证率为 85%，试编制水库调度图。

解：水库调度图计算编制基本过程如下。

（1）整理水库相关参数资料。

1）水库特征参数表。水库死水位为 950.25m，相应死库容为 1430 万 m^3；设计洪水位及正常蓄水位为 966.45m，兴利库容为 1340 万 m^3；校核洪水位为 967.74m，水库总库容为 3510 万 m^3。

2）水位-库容曲线，见图 6.3。

（2）选择代表年。从实测的年来水量和年用水量系列中，通过频率统计计算，选择年来水量和年用水量都接近设计保证率的年份 3～5 年。其中应包括不同年内分配的来水和用水典型。如灌溉期来水量较少、偏前、偏后等各种情况。案例通过长系列调节计算发现，大多数年份的缺水时段集中在 12 月至次年 3 月，因来水年内分配不均匀，在其他月份出现缺水的情况也比较多。综合考虑水库灌溉效益，选择 1987 年（$P=81\%$）、1997 年（$P=83\%$）、1994 年（$P=87\%$）、1999 年（$P=90\%$）作为典型年，各代表年逐月来水、供水量统计见表 6.1。

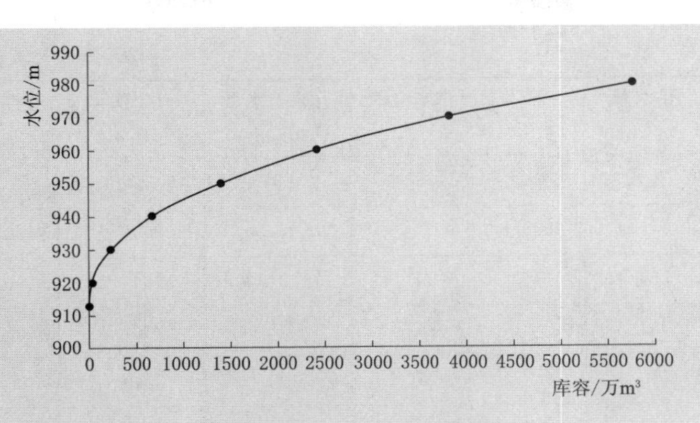

图 6.3 水位-库容曲线

表 6.1 各代表年来水、供水量统计表

分类	经验频率	水量/万 m^3												
		1月	2月	3月	4月	5月	6月	7月	8月	9月	10月	11月	12月	全年
来水	81%	579	609	699	1338	1855	1255	2226	1060	783	642	708	561	12315
	83%	291	307	542	1857	3337	818	1117	690	1217	649	585	384	11794
	87%	619	618	779	1247	712	700	1426	641	1040	1536	925	725	10968
	90%	431	451	738	681	330	671	3308	747	770	1093	861	495	10576
供水	81%	675	860.5	813.6	841.7	701.3	641.9	662.5	641.2	786.7	786.2	713.4	702.8	8826.8
	83%	782.7	706.2	693	669.7	860.5	813.6	840.5	701.3	641.9	662.5	641.2	785.9	8799
	87%	787	714.4	703.2	675	860.5	813.6	841.7	701.3	641.9	662.5	641.2	787	8829.3
	90%	784.8	710.3	699.4	673.1	857.3	808.3	841.7	701.3	641.9	662.5	641.2	786.4	8808.2

注 1. 来水量为水库净水量，已扣除蒸发、渗漏等损失。
2. 供水量为生态、灌溉及非农业用水毛水量之和，系按年调节估算。

(3) 确定水库调度运行方式。水库主要承担灌溉任务，因此，当入库水量大于下游需水时，多余水量优先蓄水，水库尽量维持在正常蓄水位运行；当入库水量小于下游需水时，水库结合下游兴利要求供水。

(4) 各代表年逆时序调节计算。

1) 逆时序调节计算。各代表年分别由供水期末死水位开始起调，作逆时序计算，遇亏水量相加，余水量相减，一直计算到上年 4 月。表 6.2 为代表年 1990 年（$P=90\%$）的调节计算。

表 6.2 实测代表年 1999 年逆时序调节计算表

月份	来水量/万 m^3	供水量/万 m^3	来水量－供水量		月末蓄水量/万 m^3	月末库容/万 m^3	月末水位/m	弃水量/万 m^3
			+	－				
(1)	(2)	(3)	(4)	(5)	(6)	(7)	(8)	(9)
7	3308	841.7	2466.3		698.5	2128.5	957.31	2466.3
8	747	701.3	45.7		744.2	2174.2	957.72	
9	770	641.9	128.1		872.3	2302.3	958.84	
10	1093	662.5	430.5		1302.8	2732.8	962.32	

续表

月份	来水量/万 m^3	供水量/万 m^3	来水量−供水量		月末蓄水量/万 m^3	月末库容/万 m^3	月末水位/m	弃水量/万 m^3
			+	−				
(1)	(2)	(3)	(4)	(5)	(6)	(7)	(8)	(9)
11	861	641.2	219.8		1522.6	2952.6	963.98	
12	495	786.4		291.4	1231.2	2661.2	961.76	
1	431	784.8		353.8	877.4	2307.4	958.88	
2	451	710.3		259.3	618.1	2048.1	956.58	
3	738	699.4	38.6		656.7	2086.7	956.93	
4	681	673.1	7.9		664.6	2094.6	957.01	
5	330	857.3		527.3	137.3	1567.3	951.73	
6	671	808.3		137.3	0	1430	950.25	

7 月需蓄水 698.5 万 m^3，而余水为 2466.3 万 m^3，按蓄水量与余水量的比例，求出 7 月蓄水的天数为（698.5/2466.3）×31=9d，故需从 7 月 23 日开始蓄水。

2）逆时序调节计算结果。将各频率实测代表年分别逆时序进行调节计算，其成果汇总见表 6.3。

表 6.3　各频率实测代表年逆时序调节计算成果表

频率	各月末蓄水位/m											
	1 月	2 月	3 月	4 月	5 月	6 月	7 月	8 月	9 月	10 月	11 月	12 月
81%	963.24	963.13	950.25	950.25	956.21	956.25	958.73	958.63	963.24	963.13	962.71	959.51
83%	953.07	951.47	950.25	950.87	950.25	950.25	950.67	953.74	953.10	951.28	950.25	950.25
87%	957.01	951.73	950.25	957.31	957.72	958.84	962.32	963.98	961.76	958.88	956.58	956.93
90%	950.25	950.25	950.25	950.25	954.02	955.41	955.22	955.86	953.63	951.41	950.22	950.25
上包线	963.24	963.13	950.25	957.31	957.72	958.84	962.32	963.98	963.24	963.13	962.71	959.51
下包线	950.25	950.25	950.25	950.25	950.25	950.25	950.67	953.74	953.10	951.28	950.22	950.25

（5）绘制调度图。

1）将表 6.3 中四个代表年各月蓄水位最大值作为上包线的月末水位，各月蓄水位最小值作为下包线的月末水位，列于表 6.3 中并点绘在同一坐标图中，分别按照时间坐标顺次相连，得上、下包线。

2）上包线以上为加大供水区，下包线以下为降低供水区，上、下包线之间为保证供水区。

3）在图中绘出死水位、正常蓄水位、防洪限制水位、设计洪水位和校核洪水位，即得年调节水库灌溉调度图，见图 6.4。

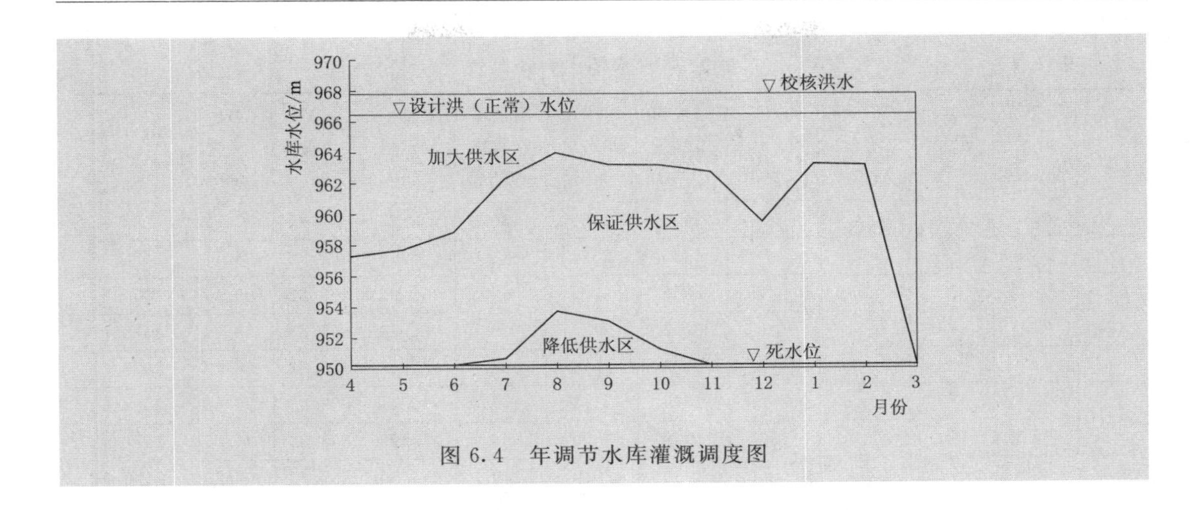

图 6.4　年调节水库灌溉调度图

6.3　水力发电水库调度图的绘制

以年调节水电站为例阐述调度图绘制。对于年调节水电站而言，调度图绘制方法常见的有两种，即代表年法和长系列法。只要设计枯水年的正常工作得到保证，则丰水年、平水年供水期的正常工作得到保证是不会有问题的，故用代表年法绘制调度图时取各种不同的典型的设计枯水年蓄水指示线的上、下包线作为基本调度线，来指导水力发电水库的运行。下面以案例将绘图步骤进行说明。

案例 6.2： 某年调节水电站水库，死水位为 950.25m，相应死库容为 1430 万 m^3；设计洪水位（正常蓄水位）为 962.62m，兴利库容为 1340 万 m^3；校核洪水位为 967.74m，水电站设计保证率为 80%，绘制水电站水库调度图。

解：（1）整理水库基本资料。

1）坝址径流资料 37 年（1971—2007 年）（略）。

2）坝下游水位（Z/m）-月流量（Q/万 m^3）关系资料，已拟合为方程：

$$Z=\begin{cases}-0.002Q^4+0.0802Q^3-1.2355Q^2+11.658Q+829.9505 & (0<Q<20\text{ 万 m}^3)\\ -0.0002Q^2+0.0449Q+897.69 & (Q\geqslant 20\text{ 万 m}^3)\end{cases}$$

3）水位（Z/m）-库容（V/万 m^3）曲线拟合方程：

$$Z=0.0000000004Q^3-0.000004Q^2+0.0206Q+927.73\quad(950.25\leqslant Z\leqslant 962.62)$$

（2）绘制基本调度线。

1）推求各年供水期平均出力。

按等流量调节计算法分别调节计算 38 年径流资料，确定各年供水期平均出力，（案例中水头损失 $\Delta H=8$m，出力系数 $k=7.0$，以 2002 年为例，见表 6.4，供水期为 11—12 月、次年 1—2 月以及 5—7 月）。

2）选择设计代表年。将各年供水期平均出力由大到小排列，计算各年供水期平均出力的保证率，见表 6.5。选取与水电站设计保证率 80%相近似的 2002 年为保证出力的

表 6.4　2002 年供水期出力计算表

月份	天然流量/万 m^3	调节流量/万 m^3	水库蓄水或供水		时段初蓄水量/万 m^3	时段末蓄水量/万 m^3	时段平均蓄水/万 m^3	上游平均水位/m	下游水位/m	平均水头/m	出力 N_i/kW
			蓄水/万 m^3	供水/万 m^3							
8	924	924	0		1430	1430	1430.0	950.25	858.86	83.39	2053.57
9	2023	1097	926		1430	2356	1893.0	955.12	862.32	84.79	2478.96
10	1510	1097	413		2356	2769	2562.5	960.99	862.32	90.67	2650.73
11	749	789		40	2769	2729	2749.0	962.44	855.83	98.61	2073.57
12	670	789		119	2729	2610	2669.5	962.62	855.83	98.79	2077.25
1	527	789		262	2610	2348	2479.0	960.31	855.83	96.48	2028.66
2	481	789		308	2348	2040	2194.0	957.90	855.83	94.06	1977.92
3	867	867	0		2040	2040	2040.0	956.50	857.62	90.89	2100.04
4	823	823	0		2040	2040	2040.0	956.50	856.62	91.88	2015.26
5	603	789		186	2040	1854	1947.0	955.63	855.83	91.79	1930.21
6	628	789		161	1854	1693	1773.5	953.91	855.83	90.08	1894.19
7	526	789		263	1693	1430	1561.5	951.67	855.83	87.83	1846.93

设计代表年，其保证出力 $N_{保}=1975.53\text{kW}$，其调节流量 $Q_{调}=3\text{m}^3/\text{s}$（789 万 m^3）。

表 6.5　供水期平均出力保证率计算表

序号	年份	出力/kW	$P=\frac{m}{n+1}\times100\%$	序号	年份	出力/kW	$P=\frac{m}{n+1}\times100\%$
1	1990	3754.57	2.6	20	1978	2283.02	52.6
2	1989	3389.35	5.3	21	1991	2195.45	55.3
3	1992	3263.57	7.9	22	1977	2161.15	57.9
4	1984	3185.10	10.5	23	1995	2125.69	60.5
5	2005	2894.12	13.2	24	1993	2120.82	63.2
6	1983	2892.23	15.8	25	1971	2097.15	65.8
7	1974	2891.70	18.4	26	1979	2086.02	68.4
8	1988	2813.71	21.1	27	1987	2079.21	71.1
9	1985	2771.71	23.7	28	1982	2036.10	73.7
10	1976	2725.34	26.3	29	2006	2034.05	76.3
11	1975	2625.70	28.9	30	1980	1992.60	78.9
12	1981	2624.76	31.6	31	2002	1975.53	81.6
13	1994	2554.31	34.2	32	1973	1893.74	84.2
14	2004	2438.62	36.8	33	1998	1830.46	86.8
15	2001	2350.52	39.5	34	1972	1813.32	89.5
16	2000	2350.24	42.1	35	1996	1758.47	92.1
17	2003	2332.45	44.7	36	1999	1751.67	94.7
18	1986	2316.51	47.4	37	1997	1601.39	97.4
19	2007	2287.82	50.0				

注　$n=37$ 为总年数，m 为出力从大到小排列的序号，最大出力年份 $m=1$，最小出力年份 $m=n$。

3）选择典型年并修正其入库径流量。选择与设计保证率 $P=80\%$ 供水期调节流量相近，而供水期起讫日期不同，年内径流分配不同的1982年、2006年、1980年、1973年、1998年共5年为典型年，修正系数为

$$\alpha=\frac{\overline{Q}_{80\%}}{Q_{典}}$$

式中 $\overline{Q}_{80\%}$——设计代表年2002年供水期的调节流量；$Q_{典}$ 为典型年供水期的调节流量，其中1998年供水期修正后的入库流量见表6.6。

表6.6　1998年供水期流量修正计算表（$\alpha=1.0764$）

月份		12	1	2	4	5	6
流量/万 m^3	1998年原值	495	431	451	681	330	671
	修正后值	533	464	485	733	355	722

4）计算供水期水库水位过程线。按月出力等于保证出力要求，分别对各典型年供水期求修正后的入库流量，自死水位950.25m开始，做逆时序等出力调节计算，求得调节流量对应的平均库水位，可得水库水位过程线，其中1998年的调节计算见表6.7。

表6.7　1998年供水期调节计算表

月份	天然流量/万 m^3	水库调节量		水库供水量/万 m^3	时段初蓄水量/万 m^3	时段末蓄水量/万 m^3	时段平均蓄水量/万 m^3	上游平均水位/m	下游水位/m	平均水头/m	出力/kW
		水量/万 m^3	流量/(m^3/s)								
6	722	868.305	3.31	146.31	1576.31	1430.00	1503.15	951.02	857.65	85.37	1975.53
5	355	827.46	3.15	472.46	2048.77	1576.31	1812.54	954.31	856.73	89.58	1975.53
4	733	798.52	3.04	65.52	2114.29	2048.77	2081.53	956.89	856.06	92.83	1975.53
2	485	781.62	2.98	296.62	2410.91	2114.29	2262.60	958.50	855.66	94.84	1975.53
1	464	757.45	2.88	293.45	2704.35	2410.91	2557.63	960.94	855.08	97.86	1975.53
12	533	739.45	2.82	206.45	2910.80	2704.35	2807.57	962.89	854.64	100.25	1975.53

5）计算蓄水期水库水位过程线。

a. 选择设计代表年。将各年蓄水期平均出力由大到小排列，计算各年蓄水期平均出力的保证率，见表6.8。选取与水电站设计保证率80%相近似的1998年为蓄水期的设计代表年。

表6.8　供水期平均出力保证率计算表

序号	年份	出力/kW	$P=\frac{m}{n+1}\times100\%$	序号	年份	出力/kW	$P=\frac{m}{n+1}\times100\%$
1	1976	25630.71	2.6	7	2005	14822.70	18.4
2	1990	24859.14	5.3	8	1985	13376.46	21.1
3	1981	20648.57	7.9	9	1977	13180.40	23.7
4	1984	19737.72	10.5	10	1975	12086.58	26.3
5	1978	19086.48	13.2	11	1983	10980.99	28.9
6	1992	14952.50	15.8	12	1974	10977.42	31.6

续表

序号	年份	出力/kW	$P=\frac{m}{n+1}\times100\%$	序号	年份	出力/kW	$P=\frac{m}{n+1}\times100\%$
13	1989	10808.06	34.2	26	1999	4556.23	68.4
14	1980	10640.70	36.8	27	1973	4223.71	71.1
15	1988	10572.16	39.5	28	2006	4048.20	73.7
16	2003	9782.94	42.1	29	1996	3902.98	76.3
17	2007	9698.75	44.7	30	1982	3890.05	78.9
18	2001	9549.09	47.4	31	1998	3791.02	81.6
19	1991	7562.12	50.0	32	1987	2958.61	84.2
20	2000	7320.55	52.6	33	1995	2634.45	86.8
21	1986	6581.32	55.3	34	2002	2564.85	89.5
22	1997	5490.08	57.9	35	1993	2262.35	92.1
23	2004	5472.71	60.5	36	1971	2235.68	94.7
24	1994	5381.61	63.2	37	1972	2150.21	97.4
25	1979	5038.91	65.8				

b. 选择典型年并修正其入库径流量。选择蓄水期出力保证率与设计保证率 $P=80\%$接近的 2006 年、1996 年、1982 年、1987 年、1995 年共 5 年为蓄水期的典型年，并对各典型年蓄水期各月入库流量进行修正。

c. 蓄水期水库水位过程线计算。按月出力等于保证出力要求，对各典型年蓄水期自正常蓄水位 962.62m 开始，做逆时序等出力调节计算，求得各典型年蓄水期的水库水位过程线，其中 2006 年的计算过程见表 6.9。

表 6.9　　2006 年蓄水期调节计算表

月份	天然流量/万 m³	水库调节量		水库供水量/万 m³	时段初蓄水量/万 m³	时段末蓄水量/万 m³	平均蓄水量/万 m³	上游平均水位/m	下游水位/m	平均水头/m	出力/kW
		水量/万 m³	流量/(m³/s)								
10	905	747.568	2.85	156.98	2613.02	2770.00	2691.51	962.00	854.84	99.16	1975.53
9	1097	766.03	2.92	330.61	2282.41	2613.02	2447.72	960.05	855.29	96.77	1975.53
7	859	783.205	2.98	75.34	2207.08	2282.41	2244.74	958.34	855.70	94.64	1975.53

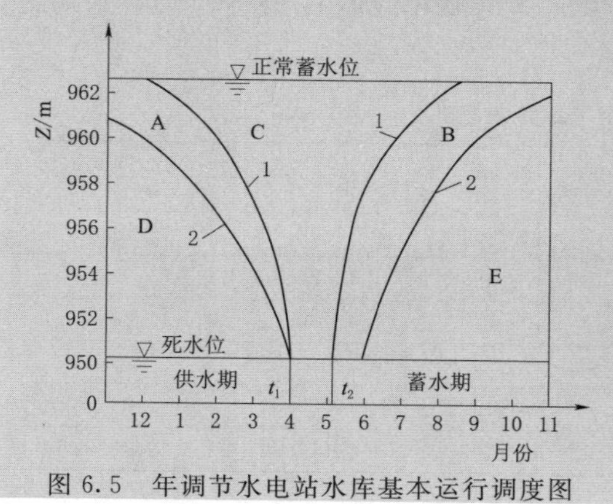

图 6.5　年调节水电站水库基本运行调度图

6）基本调度线绘制。将前述计算所得各典型年供水期、蓄水期各时刻的水位点绘在坐标图上，做上、下包线并修正（取消重复和局部不合理的部分），得水电站水库基本运行调度图，如图 6.5 所示。图中出力保证区为 A（供水期出力保证区）、B（蓄水区出力保证区），出力减小区为 D（供水期出力减小区）、E（蓄水期出力减小区），C 为加大出力区，1、2 分别为上、下基本调度线。

第7章　流域及区域水资源规划的复杂水利计算问题

内容导读：本章主要介绍水资源规划、配置的基本概念、原则，阐述了流域、区域水资源规划中水资源调查评价、水资源开发利用规划、需水预测、供水预测等复杂计算问题。

教学目标及要求：通过本章学习，应明确水资源评价与水资源规划的关系，掌握水资源规划的基本流程与方法。

7.1　流域及区域水资源规划主要内容及流程

我国水资源综合规划的目标是：为水资源可持续利用和管理提供规划基础，在进一步查清水资源及其开发利用现状、分析和评价水资源承载能力的基础上，根据经济社会可持续发展和生态环境保护对水资源的要求，提出水资源合理开发、优化配置、高效利用、有效保护和综合治理的总体布局与实施方案，促进我国人口、资源、环境和经济的协调发展，以水资源可持续利用支持经济社会可持续发展。

按水资源规划的范围、对象可分为跨流域水资源规划、流域水资源规划、地区水资源规划和专门水资源规划。本章在第3、4、5章学习解决专门水资源规划具体计算（灌溉水库兴利计算、防洪计算和水能计算等）内容的基础上，论述宏观尺度的水资源规划（主要为流域、地区、跨流域水资源规划范畴）。

水资源规划是在水资源评价的基础上实施的，即评价是规划的基础和依据。所以，对规划区水资源评价背景与基础资料的调查分析是前提，具体包括规划区域有关自然概况（地理位置、地形地貌、土壤地质等）、水文气象（气候、河流水系等）等各方面大量基础资料的收集整理。在此基础上，本节主要介绍水资源规划的主要内容及流程。

7.1.1　水资源开发利用现状调查与评价

1. 水资源分区

为准确掌握不同区域水资源的数量、质量以及水量转换关系，区分水资源要素在地区间的差异，揭示各区域水资源供需特点和矛盾，在全国水资源分区统一划分的基础上，根据规划区域自然地理特性、水资源特点进一步细化分区。

2. 社会经济资料调查分析

（1）调查分析的内容。重点调查分析上一次水资源评价以来各年（可5年分一个时段）全评价区域及各分区人口、土地利用、工农业生产及用水水价等方面资料。

（2）调查方法与资料来源。先对各分区社会经济资料逐时段、逐项统计，之后再分析系列资料的变化趋势及有关指标情况。资料来源主要有：①各市（县）国民经济统计年鉴；②各市（县）水利统计年鉴；③各市（县）农业及农村经济统计年鉴；④各市（县）水资源公报（或简报）；⑤各市（县）用水水价调整文件；⑥其他相关资料。

（3）调查分析的要求。

1）人口资料。各年度人口分别按城市人口、县镇人口及农村人口统计分析。城镇人口统计沿用《中国统计年鉴 1982》规定的统计概念：城市人口指设区市所辖区的人口和不设区市所辖街道人口；镇人口指不设区市所辖镇和县辖镇的居委会人口。若有个别县（区）城镇人口难以收集，可用非农业人口代替城镇人口。另外，还应对市区和县镇中的暂住流动人口（指一年中居住 6 个月以上的人口）进行调查统计。

在上述调查统计的基础上，重点分析全市（县）及各分区人口构成、分布及增长情况的变化趋势，城镇化率（指城镇人口占总人口的比例），就业率（指城镇就业人口占城镇总人口比例），以及城镇用水人口（指使用当地供水的常住与暂住流动人口之和）等指标。

2）土地利用资料。调查统计各年度全市（县）及各分区土地面积、耕地面积（1996 年后采用国家土地管理局新调查数据）、有效灌溉面积、实际灌溉面积及各种节水灌溉面积（包括渠道防渗、低压管灌、喷灌、微灌）。其中，农田灌溉面积分为水田、水浇地和菜田面积，林牧渔业面积分为林果灌溉、草场灌溉和鱼塘面积。在调查的基础上，着重分析各种面积的数量、分布、开发利用率（已开发面积占宜利用面积之比）等指标，以及上述各指标的变化趋势。

3）工农业发展资料。调查统计各年度全市（县）及各分区生产总值（第一、第二、第三产业），工业产值及增加值（分火电、高耗水工业、一般工业和农村工业），农业产值及增加值（分种植业、林业、牧业、渔业）以及粮食作物和经济作物产值等。凡涉及产值的均采用当年价和不变价两种价格体系统计。高耗水行业指黑色金属冶炼及压延加工业、有色金属冶炼及压延加工业、非金属矿物制品业、石油加工及炼焦业、化学原料及化学制品制造业、纺织业、食品制造业、饮料制造业、造纸及纸制品业九类。农村工业指所属村及村以下工业企业。鉴于水力发电属河道内用水，应将其从工业产值中扣除。在上述统计资料的基础上，重点分析各产业产值的变化趋势、产业结构及布局的合理性等有关指标。

4）用水水价资料。收集全市（县）及各分区工业、农业、城镇居民生活、公共事业（可分为机关、企事业单位、商业、服务业及生态环境等）用水水价资料，分析其组成及变化趋势。

（4）统计指标的合理性分析。

1）在调查统计中，应对所采用的基础资料进行合理性及一致性分析论证。尤其对产值或价格指标统计时，要换算为统一价格体系。

2）若出现全市（县）统计值与所辖各县（乡）之和不相等时，应以全市（县）统计值为准，各县（乡）可按比例视情况调整。

3）在对统计数据进行数值分析中，若发现明显不合理的数据，应进一步详细核实，分析原因，经调整后再采用，以避免造成成果失真。

3. 现状水资源评价

(1) 水资源总量评价。水资源总量是指当地降水形成的地表和地下产水量，即地表径流量与降水入渗补给量之和，也称区域产水量。由于地表水与地下水的相互转化，在地表水资源量（即地表水量）与地下水资源量的分析计算中，存在重复计算水量的问题，只有扣除所有重复计算量后，再将地表水与地下水资源量相加，才能得到实际意义上的水资源总量。水资源总量计算的目的是分析评价在当前自然条件下可用水资源量的最大潜力，从而为水资源的合理开发利用提供依据。市（县）级水资源总量评价主要包括以下内容。

1) 各分区多年平均及不同频率水资源总量计算。把河川径流量作为地表水资源量，把地下水补给量作为地下水资源量，将地表水资源量和地下水资源量相加，扣除相互转化的重复水量即可作为水资源总量，即

$$W = R + Q - D \tag{7.1}$$

式中 W——水资源总量，万 m^3 或亿 m^3；

R——地表水资源量，万 m^3 或亿 m^3；

Q——地下水资源量，万 m^3 或亿 m^3；

D——地表水和地下水相互转化的重复水量，万 m^3 或亿 m^3。

根据分区重复水量 D 的不同确定法，分区水资源总量的计算可分三种类型。

a. 单一山丘区。地表水资源量为当地河川径流量，地下水资源量按排泄量计算，相当于当地降水入渗补给量，地表水和地下水相互转化的重复水量为河川基流量。一般山丘区、岩溶山区、黄土高原丘陵沟壑区属于该类地区。

b. 单一平原区。地表水资源量为当地平原河川径流量，地下水除了由当地降水入渗补给，还包括地表水体补给（河道、湖泊、水库、闸坝等地表蓄水体）和上游山丘区或相邻地区侧向渗入。北方一般平原区、沙漠区、内陆闭合盆地平原区、山间盆地平原区、山间河谷平原区、黄土高原台塬阶地区属此类型。

c. 多种地貌类型混合区。如上游为山丘区（或按排泄项计算地下水资源量的其他类型区），下游为平原区（或按补给项计算地下水资源量的其他类型区）。计算全区地下水资源量时，需扣除山丘区地下水和平原区地下水之间的重复量。该量由两部分组成：一是山前侧渗量；二是山丘区河川基流对平原区地下水的补给量。这部分水量随当地水文特性而异，有的主要来自汛期的河川径流，有的是非汛期的河川径流。要扣除的是山丘区的基流（采用河川径流乘以山丘补给系数估算），并不是山丘区的河川径流，基流仅是河川径流的一部分。

2) 分区水量平衡分析及计算成果合理性检查。水量平衡分析的目的是研究不同地区水文要素的数量及其相互的对比关系，利用水文、气象以及其他自然因素的地带性规律，校核水资源计算成果的合理性。

a. 山丘区水量平衡的分析（多年平均水量平衡）方程：

$$\overline{P} = \overline{R} + \overline{E} + \overline{U} \tag{7.2}$$

式中 $\overline{P}$——多年平均年降水量，mm；

$\overline{R}$——多年平均河川径流量，mm；

$\overline{E}$——多年平均总蒸散发量，mm；

$\overline{U}$——多年平均地下潜流量，mm。

b. 平原区水量平衡的分析（当地水量平衡）方程：

$$\overline{P}=R_s+R_g+E_2 \tag{7.3}$$

式中　R_s——多年平均地表径流量，mm；

R_g——多年平均平原区降水形成的河川基流量，mm；

E_2——多年平均地表和包气带蒸散发量（包括潜水蒸发量），mm。

c. 混合区水量平衡的分析。在一个分区内，既有山丘区又有平原区，若忽略不计从地下进出该区的潜流量，则多年平衡情况下可建立下列水量平衡方程：

$$\overline{P}=\overline{R}+\overline{E} \tag{7.4}$$

$$\overline{R}=\overline{R}_s+\overline{R}_g \tag{7.5}$$

$$\overline{E}=\overline{E}_1+\overline{E}_g \tag{7.6}$$

$$\overline{W}=\overline{R}+\overline{R}_g \tag{7.7}$$

式中　$\overline{W}$——多年平均水资源总量，万 m^3 或亿 m^3；

$\overline{R}_g$——多年平均河川基流量，为山丘区基流量与平原区降水形成的基流量之和，万 m^3 或亿 m^3；

$\overline{R}_s$——多年平均地表径流量，河川径流量与基流量之差，万 m^3 或亿 m^3；

$\overline{E}_g$——平原区潜水蒸发量，开采情况下还应包括地下水开采净耗量，值为水资源总量与河川径流量之差，万 m^3 或亿 m^3；

$\overline{E}_1$——总蒸发量与平原区潜水蒸发量之差，万 m^3 或亿 m^3。

在平衡分析的基础上，进一步对全市（县）或区域水资源分区进行水文要素的分析计算，求出$\dfrac{\overline{R}}{\overline{P}}$（径流系数）、$\dfrac{\overline{W}}{\overline{P}}$（产水系数）、$\dfrac{\overline{R}_g}{\overline{R}}$（基流比）、$\dfrac{\overline{E}_1}{\overline{E}}$、$\dfrac{(\overline{R}_g+\overline{E}_g)}{\overline{W}}$等值，在地区分布上进行比较，综合分析，论证计算水资源成果的合理性。

案例 7.1：在水文气象资料调查分析整理的基础上，确定 A 县水资源总量。

解：(1) 年降水总量计算。县内年降水总量是自 1976 年至 2020 年（共计 45 年）同期观测资料的算术平均值，算得多年平均年降水量为 600.5mm，多年平均年降水总量为 7.924 亿 m^3。

(2) 年径流量计算。径流量计算选用主要河流（包括以河为界和界河）自设站至 2020 年实测径流，经过还原计算后求得多年平均年径流量及不同保证率对应的流量。A 县有五条河流出县外，A 县主要河流出界断面径流量计算见表 7.1。

(3) 分河流水资源量计算。全县有较大河流五条，较小的支流、沟（面积大于 $1km^2$）40 多条，水资源调查计算着眼于年径流量大小及开发利用程度，对较大的支流（支沟）进行调查和分析计算，流域面积小于 $20km^2$ 的支流（支沟）未计入水资源量，计入水资源量的支流（支沟）共计 16 条。

各河流水资源量计算至河口或出县界节点处。××河是省界河流，其干流在 A 县境内的流域面积为 $12.2km^2$，河长只有 3.5km，但其多年径流量较大，有较大的开发利用潜力，所以对该河通过 A 县段的水资源量也进行了分析计算。计算时分不同河流的

表 7.1　　A 县主要河流出界断面径流量计算表

河流	断面位置	径流量/万 m^3				
		平均	保证率			
			20%	50%	75%	95%
河流一	A县出县界点××庄	1711.5	2749	1687	1120	648.4
河流二	A县出县界点××坡	3460	4934	3035	2006	1164
河流三	A县出县界点××村	572.6	735.4	534.3	419.3	232.3
河流四	A县出县界点××店	438.7	613.5	432.3	337.9	201.4
河流五	A县出县县界处	115489	125150	102960	74160	49410

不同区域，以区域多年平均年降水量作参数，对各河流的产水模数进行调整，见表7.2，用调整后的产水模数直接推算水资源量，计算成果见表7.3。

表 7.2　　A 县各河流产水模数调整计算表

河流	等级	多年平均年降水量/mm	多年平均产水模数/(万 m^3/km^2)	流域多年平均年降水量/mm	调整系数	采用的产水模数/(万 m^3/km^2)	备注
河流一	干流	600.0	5.50			5.50	借用河流二模
	支流一			630.0	1.05	5.78	
	支流二			630.0	1.05	5.78	
	支流三			625.0	1.04	5.72	
河流二	干流	600.0	5.50			5.50	实测系列相关延长
	支流一			630.0	1.05	5.78	
	支流二			625.0	1.04	5.72	
	支流三			610.0	1.02	5.61	
	支流四			610.0	1.02	5.61	
	支流五			600.0	1.00	5.50	
河流三	干流	562.8	2.27			—	
	支流一			613.0	1.09	—	实测
	支流二			613.0	1.09	—	实测
河流四	干流	562.8	3.05			—	实测
	支流一			560.0	0.995	—	实测
××河	干流	625.0	5.50		1.04	5.72	借用河流二模数
河流五	支流					5.50	借用河流二模数

(4) 分乡（镇）水资源量计算。全县共有乡（镇）10个，国有林场1个，行政区划和河流水系及水文站控制范围是不一致的，水资源量分乡镇计算是在分河流水资源计算成果的基础上，以各乡镇的多年平均年降水量为基本依据，按照乡镇所在河流的面积比例进行分级对照、平衡分析、多次调整，并和全县水资源量、各河流水资源量对照检查，使乡镇水资源量正确、可靠。分乡镇水资源量计算成果见表7.4。

表 7.3　A 县分河流水资源量计算成果表

河流	支流（沟）	控制面积/km^2			区域多年平均降水量/mm	主要河流多年平均产水模数/(万 m^3/km^2)	水资源量计算采用产水模数/(万 m^3/km^2)	产水量计算/万 m^3			不同频率自产水资源量/万 m^3			
		合计	境内面积	境外面积				合计	自产水量	境外产水量	20%	50%	75%	95%
河流一	支流一	29.4	29.4	—	—	—	5.78	169.9	169.9	—	—	—	—	—
	支流二	21.1	21.1	—	—	—	5.78	122.0	122.0	—	—	—	—	—
	支流三	22.6	22.6	—	—	—	5.72	129.3	129.3	—	—	—	—	—
	干　流	334.3	234.6	99.7	600.0	5.50	5.50	1838.7	1290.3	548.4	—	—	—	—
	合　计	407.4	307.7	99.7	—	—	—	2259.9	1711.5	548.4	2749	1687	1120	648.4
河流二	支流一	150.8	150.8	—	—	—	5.78	871.6	871.6	—	—	—	—	—
	支流二	24.4	24.4	—	—	—	5.72	139.6	139.6	—	—	—	—	—
	支流三	20.9	20.9	—	—	—	5.61	117.2	117.2	—	—	—	—	—
	支流四	23.5	23.5	—	—	—	5.61	131.8	131.8	—	—	—	—	—
	支流五	23.2	23.2	—	—	—	5.50	127.6	127.6	—	—	—	—	—
	干　流	472.7	376.8	95.9	600.0	5.50	5.50	2599.9	2072.4	527.5	—	—	—	—
	合　计	715.5	619.6	95.9	—	—	—	3987.7	3460.2	527.5	4934	3035	2006	1164
河流三	支流一	165.7	70.9	94.8	—	2.27	2.47	409.3	175.1	234.2	—	—	—	—
	支流二	114.1	106.7	7.4	—	2.27	2.47	281.8	263.5	18.3	—	—	—	—
	合　计	279.8	177.6	102.2	—	—	—	691.1	438.7	252.4	613.5	432.3	337.9	201.4
河流四	支流一	42.8	42.8	—	—	—	3.03	129.7	129.7	—	—	—	—	—
	干　流	301.8	145.2	156.6	—	3.05	3.05	920.5	442.9	477.6	—	—	—	—
	合　计	344.6	188	156.6	—	—	—	1050.2	572.6	477.6	735.4	534.3	419.3	232.3
××河	干　流	28	14.4	13.6	625.0	—	5.72	160.2	82.4	77.8	—	—	—	—
	合　计	28	14.4	13.6	—	—	—	160.2	82.4	77.8	—	—	—	—
河流五		—	12.2	—	—	—	5.50	115489	67.1	115422	—	—	—	—
	合　计	12.2	12.2	—	—	—	—	115489	67.1	115422	—	—	—	—
总　计		1787.5	1319.5	468	—	—	—	123638.1	6332.4	117305.7	9032	5689	3883	2246

表 7.4　　A 县各乡（镇）地表水资源量计算成果表

乡镇	面积/km²	多年平均年降水量/mm	降水总量/亿 m³	水资源量/万 m³	径流深/mm
1	75.9	550.0	0.741	350.8	46.2
2	80.7	557.3	0.762	360.0	44.6
3	118.7	606.7	0.305	682.3	57.5
4	86.3	630.4	0.544	445.6	51.6
5	101.4	570.0	0.607	382.7	37.7
6	93.4	591.6	0.553	489.6	52.4
7	120.2	616.4	0.720	447.8	37.3
8	48.3	632.0	0.578	270.4	56.0
9	97.9	620.0	0.450	547.9	56.0
10	121.9	625.0	0.417	443.4	36.4
林场	374.8	635.0	2.38	1911.9	51.0
合计	1319.5	600.5	7.924	6332.4	—

（5）水资源总量。全县自产水资源总量为地表径流和浅层地下潜水在沟谷排泄量及黄土塬区浅层地下潜水的储存量组成。地表水和地下潜水的重复计算量是潜水在沟谷中的排泄量。经计算，全县自产水资源总量为 7676.3 万 m³，总水资源量（包括过境水资源量）为 124982.0 万 m³。计算结果见 A 县自产水资源总量表 7.5。

表 7.5　　A 县自产水资源总量计算成果表

项　目		河流一	河流二	河流三	河流四	××河	河流五	全县合计
计算面积/km²		307.7	619.6	177.6	188.0	14.4	12.2	1319.5
多年平均年降水量/mm		600.0	600.0	562.8	562.6	625.0	—	2950.4
地表水资源量/万 m³		1711.5	3460.2	438.7	572.6	82.4	67.1	6332.4
地下水资源量/万 m³	塬　区	383.0	1191.3	39.8	—	—	—	1614.1
	梁峁丘陵区	94.6	788.4	151.4	280.7	—	—	1315.1
	人工开采量	—	270.17	—	—	—	—	270.17
	合　计	477.6	1709.5	191.2	280.7	—	—	2659.0
地下水与地表水资源量重复计算量/万 m³		94.6	788.4	151.4	280.7	—	—	1315.1
自产总水资源量/万 m³		2094.5	4381.3	478.5	572.6	82.4	67.1	7676.4

（2）水资源质量评价。水资源质量（水质）是指天然水及其特定水体中的物质成分、生物特征、物理性状和化学性质以及对于所有可能的用水目的和水体功能，其质量的适应性和重要性的综合特征。水质评价主要是对各类资源水体和环境水体进行水质监测和评价，以确定天然水体的基本特征（如河流泥沙水质评价包括含沙量、输沙量和泥沙淤积量的计算与评价）及其资源适用性、水体水质受人类活动污染的程度，保证废水排放环境水质目标的实现等。

1）地表水水质评价。

a. 天然水化学特征评价。常用斯拉维扬诺夫修订的舒卡列夫分类法根据天然水体所含主要离子成分及矿化度大小判断水体主要类型。

b. 水质指标的适用性评价。适用性评价是通过对比水质指标浓度测定值与标准值来判定，符合水质标准的指标评价为适用，不符合水质标准的指标评价为不适用；对于不适用的指标可利用等标污染指数法和综合水质评价方法评价其污染程度和综合水质等级，同时对不符合特定适用功能水质标准的指标提出适宜的针对性改良措施。

c. 水资源污染状况评价。主要是污染源评价，其实质在于分清评价区域内各个污染源及污染物的主次程度，须考虑排污量和污染物毒性两方面因素，评价方法主要有两大类。

(a) 单项指标评价：用污染源中某单一污染物的含量（浓度或重量等）、统计指标（检出率、超标率、超标倍数、标准差等）来评价某污染物的污染程度。控制废水的水质指标即废水的污染物含量，是通过国家制定的相应排放标准限定其最高允许排放浓度来实现。

(b) 综合指标评价：同时考虑多种污染物的浓度、排放量等因素，多用一定的数学模型进行综合评价，是较全面、系统地衡量污染源污染程度的评价方法，如等标污染负荷法。

2）地下水水质评价。

a. 一般统计法。以监测点的检出值与背景值和饮用水的卫生标准做比较，统计其检出率、超标率、超标倍数等。此法适用于初步评价阶段或环境水文地质条件简单、污染物质单一的地区。

b. 环境水文地质制图法。主要表达图件包括：①基础图件：包括反映地表地质、地下水赋存条件和地表污染源分布等状况的表层地质环境分区图；②水质或污染现状图：用水质等值线或符号表示地下水的污染类型、污染范围和污染程度；③评价图：以多项污染物质、多项指标等综合因素来评价水质好坏，划分水质等级，并将其用图区和线条表示出来。

c. 综合指数法。常见方法有内梅罗综合指数、姚志麒综合指数、水文地质与环境地质研究所公式等。

4. 水资源开发利用情况调查分析

(1) 供水基础设施调查分析。

1）调查分析的内容。调查统计现状年地表水源、地下水源和其他水源等三类供水工程的数量、规模和现状供水能力等指标，以反映供水基础设施的现状。供水能力是指现状条件下具有一定供水保证率的最大供水量，与来水条件、工程条件、需水特性和运用调度方式有关。

2）调查方法与资料来源。供水基础设施现状情况的收集应采用普调有关统计资料与现场试验（取得现状供水能力指标）相结合方式。相关资料来源主要有：①各市（县）水利统计年鉴；②各市（县）水利工程“三查三定”（“三查三定”是水电部于 1982 年统一布置进行的工作，即对 1981 年底前已成水利工程查安全，定标准；查效益，定措施；查综合经营，定发展计划。该项工作在 1984 年已基本完成，并形成了“三查三定”文献）资料；③各市（县）有关水利工程建设竣工资料与文件等；④各市（县）市政设施（供、排水）工程建设文件及有关资料；⑤其他相关资料。

3）调查分析的要求。对各分区现状所有水源工程（含工矿企业自备水源）均应进行统计。其中，大中型地表水工程和大型地下水源地应单列；小型地表水工程和机电井（含农用井及工业自备井）可合并统计总数。

地表水源分蓄水工程、引水工程和提水工程三类统计。蓄水工程指水库和塘坝（指蓄水量不足10万m^3的蓄水灌溉工程，不含鱼池、藕塘及非灌溉用的涝池和村头坑塘等）。按大、中、小型水库和塘坝分别统计工程名称、数量、总库容、兴利库容和现状供水能力。

引水工程指从河道、湖泊等地表水体自流引水的工程（不包括从蓄水工程中引水的工程），按大、中、小型规模分别统计其工程名称、数量、引水规模和现状供水能力。

提水工程指利用扬水泵站从河道、湖泊等地表水体提水的工程（不包括从蓄水工程中提水的工程），按大、中、小型规模分别统计其工程名称、数量、提水规模和现状供水能力。

地下水源按浅层地下水和深层地下水分别统计。内容包括水井眼数、装机容量和现状供水能力。浅层地下水指与当地降水、地表水体有直接补排关系的潜水和与潜水有紧密水力联系的弱承压水，深层地下水指承压水。

其他水源工程为集雨工程、污水处理利用工程、海水利用工程等。集雨工程指用于人工收集储存屋顶、场院、道路等场所产生的径流的微型蓄水工程，主要统计座数、容积及供水量；污水处理利用工程指城市污废水集中处理厂，主要统计污水处理厂数量、处理能力及污水处理利用量等；海水利用工程包括海水直接利用和海水淡化。海水直接利用是指直接利用海水作为工业冷却水、清洁水、工艺水和生活卫生水的工程。海水利用工程主要统计其座数、规模及现状供水能力等指标。

4）统计指标的合理性分析。供水基础设施中数量、规模等指标应据不同资料（包括工程设计、竣工、加固、修复等文件资料）加以分析验证。现状供水能力指标除进行常规分析验证外，还应与现状实际供水量统计相协调。

（2）供水、用水量、耗水量调查分析。

1）调查分析的内容。全市（县）各分区上一次水资源评价以来各年（可每5年划分一个时段）供水量（分蓄、引、提、井4类）及用水量（分河道内、河道外用水），以及供用水变化趋势调查分析；各类用水户耗水量、耗水率及其变化趋势分析；废污水排放量、污水处理及回用状况调查分析；微咸水及海水利用状况调查分析。

2）供水量调查分析的方法。供水量指各种水源工程为用户提供的包括输水损失在内的毛供水量。按取水水源分为地表水源供水量、地下水源供水量和其他水源供水量三大类。

a. 地表水源分当地地表水、过境水和外流域调水，地表水源供水量按蓄、引、提3类工程分别统计。为避免各供水工程之间调用水量重复计算，以水库、塘坝为水源的，无论是自流引水还是提水，均属蓄水工程供水量；从河道中自流引水的，无论有闸或无闸，均属引水工程供水量；利用扬水站从河流、湖泊中直接取水的，属提水工程供水量；跨流域调水指独立流域之间的水量调配，计入引水量中，但要求单列。

地表水源供水量应以渠首实测引水量或提水量作为统计依据，无实测水量资料时可根据灌溉面积、工业产值、实际用水定额等资料进行估算。

b. 地下水源供水量按浅层淡水（矿化度小于2g/L）、深层水和微咸水（矿化度为2～3g/L）分别统计。浅层水包括潜水和弱承压水，深层水指承压地下水。坎儿井的供水量计入浅层水开采量中。城市地下水源供水量应以自来水厂的计量资料作为主要依据，同时要调查统计自备井的开采量。农灌井开采量的计量资料不全或无计量资料的，可根据配套机电井数和调查确定的单井出水量（或单井灌溉面积、单井耗电量等资料）估算开采量，但应进行校核平衡检验。

c. 其他水源供水量包括污水处理回用水量、集雨工程供水量和海水、咸水利用量。对未经处理的污水和海咸水利用量也调查统计，但不计入总供水量中。

在调查统计上述各项供水量计算系列（可分时段统计）数据的基础上，分析其供水总量及其组成（指各项供水量占总供水的比例）的变化趋势。

3）用水量调查分析的方法。分区统计的各项用水量均为分配给用户的包括输水损失在内的毛用水量。一般河道外用水按农业、工业和生活用水三大类分别统计；河道内用水则据其水力发电、航运、旅游、冲淤、防凌和维持生态环境等功能，取其中最大一项用水量单列，不能将各项功能用水量相加。

a. 农业用水包括农田灌溉和林牧渔用水。农田灌溉是用水大户，鉴于灌溉定额差别较大，故按水田、水浇地和菜田分别统计；林牧渔用水指林果灌溉（含果树、苗圃和经济林等）、草场灌溉（含人工草场、天然草场和饲料基地）和鱼塘补水，因其用水特点不同，也应分别统计。另外，由于各市（县）地下水灌溉比例较大，故还需将农灌用水按井灌区、渠灌区和井渠结合灌区分别统计。

b. 工业用水按火电工业、高耗水工业、一般工业和农村工业用水等分别统计。对有用水计量设备的工矿企业，以实测水量资料作为统计依据，没有计量资料的可据产值估算用水量。工业用水量按取用的新鲜水量计，不包括企业内部的重复利用量。

c. 生活用水按城镇生活和农村生活分别统计。其中，城镇生活用水分居民住宅用水和公共用水（包括商业、机关、学校、市政、建筑、绿化、城区河湖补水等）；农村生活分农村居民和牲畜用水。

d. 未经处理的污水和海水利用量单列，不计入总用水量中。

e. 鉴于北方地区河道内用水量较小，且缺乏实测资料，各市（县）可根据重点河段各用水部门提出的最小用水要求进行估算。

f. 在调查统计上述各项用水量计算系列数据的基础上，重点分析河道外用水中农业用水、工业用水、生活用水和总用水量的增长情况，以及用水组成的变化趋势。

g. 统计分析工业、农业和生活等各类用水近年来采取的各项节水措施、节水量及节水投资。

4）耗水量调查分析的方法。耗水量指在输水、用水过程中通过蒸腾蒸发、土壤吸收、产品带走、居民和牲畜饮用等多种途径消耗掉，而不能回归到地表水体或地下含水层的水量。

a. 农田灌溉耗水量包括作物蒸腾、棵间蒸发、渠系水面蒸发和浸润损失等。一般可通过灌区水量平衡分析确定回归水量（含地表回归和地下回归）和耗水量；对于资料条件差的地区，可用实灌亩次乘以净灌水定额近似作为耗水量。鉴于水田与水浇地、渠灌与井灌的耗水率差别较大，应分别分析计算。

b. 工业耗水量包括生产过程中的蒸发损失量、产品带走的水量和厂区生活耗水量等。用工业取水量减去废污水排放量计算。废污水排放量可在工业区排污口直接测定，也可根据工厂水平衡测试资料推求。考虑到贯流式冷却火电厂的耗水率很大，故应单独进行计算。

c. 生活耗水量包括居民住宅和公共设施消耗的水量。城镇生活耗水量的计算方法与工业基本相同，即由用水量减去污水排放量求得。考虑到农村住宅一般无给排水设施，且用水定额较低，可近似认为农村生活用水量就是耗水量，但对有给排水设施的农村，应采用典型调查确定耗水率的办法估算耗水量。

d. 其他用户耗水量，各地可根据实际情况和资料条件采用不同方法估算。如果树、苗圃、草场的耗水量可据实灌面积和净灌溉定额计算；城市水域和鱼塘补水可据水面面积和蒸发损失水深估算。

e. 在计算历年各类用水户耗水量的基础上，重点分析各类用水户耗水率及各分区综合耗水率的变化趋势。同时，还应对农业灌溉回归水量和工业、生活废污水排放量进行估算。

5. 现状用水水平分析

(1) 用水指标及用水水平分析。在社会经济和用水量资料调查统计的基础上，对近10年各分区农业用水、工业用水、生活用水和综合用水指标进行分析计算，以反映各分区用水效率和用水节水水平。

1) 综合指标包括人均用水量［总用水量与总用水人口之比，单位：m^3/(人·a)］、万元GDP用水量（分区年用水量与年GDP值之比，单位：m^3/万元）、城市人均用水量［城市用水量与用水人口之比，单位：m^3/(人·a)］。

2) 农业用水指标为亩均用水量（毛/净灌溉定额，单位：m^3/亩），分别按农田灌溉、林果灌溉、草场灌溉和鱼塘补水计算。其中，农田灌溉指标还应细化为水田、水浇地和菜田，有条件的市（县）可分析主要作物的用水指标。

3) 工业用水指标用万元工业产值取水量（工业取用水量与总产值之比，单位：m^3/万元）、万元工业增加值取水量（工业取用水量与增加值之比，单位：m^3/万元）和水重复利用率（工业重复用水量与总用水量之比，单位：%）表示。

4) 生活用水指标为人均用水量［生活用水量与用水人口之比，单位：L/(人·a)］，按城镇生活和农村生活分别计算。其中，城镇生活分居民住宅和公共设施用水；农村生活分农村居民和牲畜用水，应细化后分别计算。

5) 在计算上述各项用水指标的基础上，分析其变化趋势和区域分布特性。并结合各地GDP、工业产值增长速度，分析总用水量和工业用水弹性系数（工业用水增长率与工业产值增长率之比）将上述分析计算结果与上一级区域平均水平比较，评价其现状用水水平。

6) 调查统计各行业现状水价，并按居民生活、工业、服务业等不同部门的水量加权平均，计算区域综合水价。

（2）现状供需状况的分析。以基准年社会经济指标和现有供水工程设施为依据，进行至少两种保证率（$P=50\%$和$P=75\%$）水资源供需分析。

1）可供水量（水资源可利用量）的计算。现状可供水量指在经济合理、技术可行条件下，结合当地需水及下游用水要求，通过现有工程措施可以利用的河道外最大水量。不包括地下水超采量和未经处理的废污水利用量。

地表水工程可供水量不能直接采用现状年实际供水量，应按$P=50\%$和$P=75\%$两种保证率在“最小流域分区”内自上而下，先支流后干流逐级调算，同时考虑需水要求，计算不同保证率工程设施供水量。对于具有不完全多年调节性能的大中型水库，采用时历法调节计算；其他按典型年法计算；小型水库和塘坝采用复蓄系数法计算；引提水工程依据设计能力、需水要求和水源条件等进行分析计算。

地下水可供水量按浅层淡水和微咸水分别计算，以最新系列计算的现状条件下的可开采量为上限，结合各分区现状地下水工程状况确定。

外流域调水工程可供水量按有关分水协议执行。污水处理回用等工程供水量采用现状实际利用量计算。

2）需水量的计算。基准年需水量包括工业、生活、农业等河道外需水量及必要的河道内需水量。工业（含电力、高耗水工业、一般工业和农村工业）及生活（含城镇生活、农村人畜和城市环境改善）需水量均采用现状年实际用水量。对定额不合理的，作必要调整后，重新计算其合理需水量。

农业需水量计算中，各分区灌溉面积、作物种植结构和灌溉水利用系数均按现状实际情况考虑，不同保证率（$P=50\%$和$P=75\%$）农业灌溉定额原则上采用经济灌溉定额，对明显不合理的，可根据近几年实际灌溉情况适当调整。

河道内需水分为生产用水和生态环境用水两类，前者指水力发电和航运用水等，后者包括冲沙、洗盐、防凌、稀释净化、保护湖泊湿地等方面用水和维护生态环境所需的基本径流与入海水量。鉴于同一河道内各项用水可以重复利用，应在分析重点河段各主要用水项的月水量分配过程的基础上，取外包线作为该河段内各项用水综合要求。在北方缺水地区，往往仅考虑现有保护湖泊湿地方面用水量。

林牧渔业需水量可据现状实际用水量确定。

3）现状供需的分析。按流域水系自上而下，先支流后干流逐级对各分区进行供需分析（$P=50\%$和$P=75\%$两种保证率），计算相应余缺水量、供需比（分区供水量与需水量之比）和缺水率（指分区缺水量与需水量之比）。根据前述计算结果，对各分区缺水情况分部门（包括工业、生活、农业、环境）进行评价，分析其缺水原因、缺水性质、缺水范围和缺水程度，并据缺水率绘制现状缺水分布图。当缺水率不大于10%时，为轻微缺水；缺水率在10%～30%时为中度缺水；缺水率不小于30%时，为严重缺水。

（3）水资源开发利用程度的分析。

采用近10年同步系列的水资源量和供用水量统计成果，对本市（县）各分区地表水开发率、浅层地下水开采率及水资源总量利用消耗率进行分析评价。鉴于各分区间水量交换非常复杂，仅按行政分区进行计算即可。分析中采用的地表水资源量、平原区地下水补给量、水资源总量、地表水供水量、浅层地下水开采量、用水消耗量等数据，均为近10年的平均值。这样可忽略蓄水变量的影响。

1）地表水开发利用程度的分析。地表水开发利用率指地表水资源供水量占地表水资源量的百分比。按地表水资源开发利用率指标，结合北方地区实际情况将地表水资源开发利用状况划分为三类：①地表水资源开发利用率大于60%，为地表水资源高度利用区；②地表水资源利用程度为20%～60%，为地表水资源中度利用区；③地表水资源利用程度小于20%，为地表水资源低度利用区。为了真实反映各分区当地地表水资源的控制利用情况，在计算供水量时应扣除跨流域（或跨地区）的调水和过境水的利用量。据分区地表水开发利用率指标，同时考虑区内有无兴建工程条件及开发效益情况，评价其开发利用状况。

2）地下水开发利用程度的分析。着重对浅层地下水开发利用程度进行分析。浅层地下水开采率指实际开采量占总补给量的百分比。在统计开采量时应扣除深层承压水开采量，在发生浅层漏斗的地区，还要扣除统计期内的浅层水累计超采量。据分区地下水开采率指标，结合地下水位动态观测资料和水质监测资料，同时考虑地下水赋存条件及环境的关系，评价其开发利用状况。

3）水资源总量开发利用程度的分析。水资源总量利用消耗率指用水消耗总量占水资源总量的百分比。在计算各分区内的用水消耗量时应扣除调水、过境水、深层水开采和地下水超采的影响。如从某分区调出水量而不能回归到本区的，应将调出水量全部作为本区的消耗量；由调入水量、入境水量、深层承压水开采量和地下水超采量满足的用水消耗量应全部扣除。根据上述计算的分区水资源总量消耗利用率指标，评价其开发利用状况。

（4）水资源开发利用对环境影响的调查评价。重点调查因地表水利用不当、地下水超采、水体污染等造成的环境问题。各市（县）应针对管辖范围内存在的主要环境问题，从形成原因、空间分布、危害情况及发展趋势等方面进行调查分析，提出防治和改善措施。

1）地表水利用不当（指过量引用河水或大水漫灌等）造成的环境问题包括河道断流、河床变化、湖库萎缩、次生盐碱化等。对河道断流要统计断流天数、起止时间和断流河长，对河床变化要分析泥沙淤积对行洪能力的影响，对湖库萎缩要分别统计湖泊、水库的蓄水和水域面积的减少量，对次生盐碱化要调查统计发生的地区和面积。

2）地下水超采量造成的环境问题包括地下水漏斗、地面沉降、地面塌陷、地裂缝、海水入侵、咸水入侵和土地沙化等。主要调查统计：地下水位漏斗面积、漏斗中心水位、年下降速率及累计超采量；地面沉降的面积、最大沉降量及年沉降速率；地面塌陷的坑数、层位及塌陷深度；地裂缝的条数、宽度和长度；海水入侵面积及入侵区的地下水特征；土地沙化面积，沙化区地下水埋深及生态系统变化等。

3）在地表水和地下水的水质评价基础上，调查分析水体污染对生态环境的影响，估算因水源地水质恶化造成的供水减水量。同时，调查未经处理污水用于农业灌溉情况，并估算利用量。

7.1.2 社会经济发展对水资源的需求分析

1. 用水定额的标准与节水潜力分析

（1）现状用水定额调查分析。对不同地区不同行业按照统一的分类调查并核定不同部门的现状农业用水定额、城市分类用水定额和分类工业用水定额。分析研究相应定额及其变化趋势，并与国内外先进水平比较。

（2）节水潜力分析。

1）各分区水资源开发利用潜力评价。将各分区地表水可利用量与现状供水量对比，分析尚有开发潜力和已超量利用的河流；将各分区地下水可开采量与现状开采量进行对比，确定有开采潜力或超量开采地区。结合现有供水工程分布和控制情况，考虑跨流域调水的可能性及流域内上下游水量的合理调配，评价各分区的开发利用潜力。

2）各分区各类用水的节水潜力评价。分析各分区近10年农业、工业和城镇生活用水指标的变化趋势和节水措施发展情况，与国内外先进用水水平相比较，对各类用水节水潜力（节水措施与方向、节水工艺流程、节水量及节水投资等）作出评价。

3）各分区水资源承载能力分析。水资源承载能力是指在一定自然资源条件下，保持社会经济和生态环境的协调发展，水资源可利用量所能承载的人口数量。首先在分析各分区现状人均用水量、人均GDP的基础上，参考水资源条件类似、经济较发达国家或地区的人均用水指标，结合本地区经济发展远景规划的要求，确定各类型区人均需水量。然后，以各分区水资源可利用量作为供水上限，除以相应地区的人均需水量，即可求得各分区所能承载的人口数量。

（3）在分析现状用水定额及节水潜力的基础上，预测各规划水平年在不同经济技术条件下，合理、可行的用水定额，制定行业用水定额标准。

2. 经济社会发展目标分析

（1）水资源供需态势分析。以前述“水资源数量评价”“水资源质量评价”和“现状水资源评价”等成果为基础，根据各市（县）国民经济和社会发展中长期规划目标，结合水利、环保、城建等部门的最新规划成果，以现状年为基准，对分区水资源未来5年或10年供需态势进行预测分析。

1）需水量预测。不同水平年工业、农业及生活用水预测，一般按照$P=50\%$和$P=75\%$保证率（或多年平均情况），在充分考虑节水、产业结构调整、管理、科技进步等因素对需水量影响的基础上，采用多种方法进行计算。

工业需水预测：主要方法有趋势法、产值相关法、弹性系数法、重复利用率提高法及系统动力学法等。考虑目前各市（县）系列资料和计算手段情况，宜采用重复利用率提高法进行预测，用趋势法及弹性系数法进行校核验证。

农田灌溉需水预测：包括大田用水和菜田用水两部分。其需水量主要取决于规划有效灌溉面积和单位灌溉面积用水量（也称毛灌溉定额）。农作物毛灌溉定额一般采用净灌溉定额除以灌溉水利用系数计算。在需水预测中，要在现状分析的基础上，充分考虑农作物复种指数变化、作物合理布局与结构调整等因素，结合各分区实际灌溉及节水发展情况，分别进行$P=50\%$和$P=75\%$两种保证率农灌需水量计算。

城镇生活需水量预测：包括城镇居民用水和公共事业用水。城镇生活需水预测应综合分析人口增长、城镇居民生活条件改善和节水措施开展等因素。在用水人口分析中应充分估计城镇流动人口的用水需求。城镇生活用水定额可根据城镇规模及用水现状、今后的发展要求和水资源条件综合确定。

农村生活需水量预测：包括农村居民需水和牲畜需水两部分。预测时要考虑农村生活水平提高、自来水普及率增加、农村养殖习惯、养殖技术发展及节水技术实施等因素对农村生活需水量的影响。

林牧副渔业需水量预测：由于该项用水量较少，在预测中，林果用水量（含生态林）按照林业部门规划发展面积和现状灌溉定额进行预测；其余各项用水量按其近几年占农村总用水量比例及变化趋势分析确定。

生态环境需水量预测：包括改善地面水环境用水量和恢复地下水环境用水量两部分。改善地面水环境需水量主要包括恢复平原主要河流环境需水量、改善洼淀生态环境需水量、城市引水入市需水量及河口生态环境需水量四部分。在具体计算中，首先应根据区域地面水环境功能区划和区域水污染防治规划等要求，初步测算达到规划标准所需增加的河湖水量；其次应考虑水体原有的自然景观，满足最低水循环要求以及河口冲淤和基本维持生态平衡所需增加水量。取较大者作为河流环境与河口生态环境的需水量。城市“引水入市”环境用水量，可视水资源条件及城市有关规划确定。改善洼淀生态环境需水量，视其蒸发渗漏情况，计算其补水量。为恢复地下水生态环境，除利用河湖环境用水的渗漏量回补地下水外，还应安排一定的恢复地下水位用水量。应先控制地下水超采量，并利用丰水年弃水引渗回灌。然后，开始常年适当安排引渗回灌水量，逐步恢复超采区地下水位，最终使各市地下水位恢复到一个较理想的状态。

2）不同水平年（包括现状年）可供水量预测。不同水平年可供水量为原有供水工程和新增水源工程中扣除供水工程之间相互调水后所能提供的水的总量。各项可供水量计算要求如下。

a. 地表水供水工程可供水量（$P=50\%$和$P=75\%$两种保证率），应在分析各分区地表水开发现状基础上，自上而下，先支流后干流逐级调算，并分析计算各级的回归水量。计算现有工程供水量时，应充分考虑工程老化失修、泥沙淤积、地下水位下降及上游用水量增加等因素的影响；对新建地表水供水工程和现有改、扩建工程项目进行可供水量计算，应避免重复计算，汇总得出不同水平年不同保证率的可供水量。开源工程可供水量计算应以现有规划、设计成果为依据；对大型水库和有资料的中型水库按时历法调节计算，得出不同水平年可供水量，并将其分解到相应的分区，调节计算以月为计算时段；对缺少资料的中、小水库和塘、堰、坝工程可采用简化方法计算。

b. 地下水可供水量预测以总补给量和可开采量为依据，参照各市（县）地下水利用规划，分别计算浅层淡水和微咸水多年平均可供水量。各水平年地下水总补给量计算要考虑不同水平年下垫面条件的改变和地下水各项补给量的变化。对地下水超采区应严格控制开采量，并采取补救措施，使地下水位逐步恢复。

c. 污水处理回用量应根据各市（县）环保部门的有关规划，在全面掌握不同水平年可能的污水排放量和可处理量的基础上，结合各分区具体情况，考虑其回用量的可能性和合理性，分别计算回用于工业、市政和农业灌溉的水量，其中农业回用量应结合农业灌溉需要来计算。对达不到农业灌溉标准或未经处理而仍需使用的污水量，应专门进行说明评价。

d. 海、咸水（指矿化度大于3g/L）利用量预测应根据沿海地区不同水平年利用海、咸水项目（如工业冷却、海水淡化等）发展规划，预测直接利用海水淡化量，并按经验折算比例计算相应替代淡水量。

e. 雨洪水利用量可根据各分区的实际情况，分析确定不同水平年的雨洪水利用量（主要为农业用水和环境用水）。

f. 外流域调水量应依据有关分水协议执行。对区域间水量调配可根据有关工程规划，分析计算不同水平年相关分区的可供水量。

3）不同水平年水资源供需平衡分析。按照优先满足居民生活用水，保证重点工业用水，统筹考虑一般工业和农业用水，以及生态环境用水的原则，从上游到下游，先支流后干流，考虑水资源可调配性能，逐级进行水量供需分析。在供需分析的基础上，确定各分区（行政和流域分区）的余、缺水量，划定主要缺水区，并分析其缺水原因、缺水性质和缺水程度。在供需平衡分析的基础上，通过水资源配置的工程与管理措施，提供尽量满足水资源需求的水资源配置方案。

案例 7.2： 已知 B 县水资源可利用量，在其水资源开发利用现状调查评价的基础上，对其需水进行预测分析。

解： 需水预测分析必须统筹考虑全县水资源的承载能力和水资源可利用量，分析县内主要河流多年水资源量的变化和未来水资源的情势。在预测期内，依据有限的水资源，首先保证生活用水，留足生态用水，再合理配置生产用水。

从 B 县内主要河流多年水资源的变化情况来看，年际变化比较大，年内分配也极不均匀，连续干旱的年份时有出现，并且过程较长，最长连续干旱达 10 年之久（均值以下），极端干旱连续在 3 年左右。考虑到全县水资源量的变化无明显规律，未来水资源的丰枯变化难以预料，因此，预测未来需水量必须考虑特殊的连续干旱年份水资源可利用量，且需有必要的应急对策预案。

a. 经济社会发展指标预测。近期（2030 年）经济社会发展指标，以当地政府制定的国民经济计划、规划和有关行业发展规划为基本依据。由于未来经济社会发展存在不确定因素，不同发展阶段、不同发展模式对水资源的需求量也不同。因此，要结合当地水资源条件和承载能力，分析近期经济社会发展趋势，合理预测未来经济社会发展的需水量。

(a) 人口发展预测。以现状（2020 年）人口自然增长率 6.5‰预测近期（2030 年）人口总量，据估算，至 2030 年，全县人口将达到 25.32 万人，其中农业人口 22.68 万人，城镇人口 2.64 万人。

(b) 农业发展指标预测。按照农业发展规划，至 2030 年农田保证灌溉面积达到 1.83 万亩；农业总产值依据近 10 年的平均增长率，到 2030 年农业总产值在 65769 万元左右；大家畜、羊、家禽数量依 2020 年年底实有数量估算。

(c) 工业产值预测分析。根据 2010 年以来近 10 年工业产值平均增长率，分析估算至 2030 年全县工业产值将达到 36921 万元。

b. 需水预测。依据近期（2030 年）经济社会发展指标的预测结果，结合新颁布执行的《××省用水定额》，按照正常年份和不同保证率分别计算分析 B 县水资源的可利用量和生产、生活及生态需水量。对于可能出现的干旱缺水年，提出应急对策措施的意见和建议。B县近期需水预测分析见表7.6。

表7.6 B县近期（2030年）需水预测及用需水平衡分析表

项目	人口		畜牧业			农田保证灌溉面积/万亩	工业总产值/万元	其他行业用水量/万 m^3	全县合计需水量/万 m^3
	城镇人口/万人	农业人口/万人	大家畜/万头	羊/万只	家禽/万只				
2020年年底数值	2.47	21.26	2.98			0.33	9450	5.92	
2030年数值	2.64	22.68	5.0	10	150	1.83	36921	21.0	
用水定额	100 L/(人·d)	45 L/(人·d)	30 L/(头·d)	6 L/(只·d)	0.5 L/(只·d)	400 m^3/亩	85 m^3/万元		
预测用水量/万 m^3	96.4	372.5	57.8	21.9	27.4	732.0	313.8	21.0	1642.8

水资源承载能力分析			用需水平衡分析	
项目	自产水资源量/万 m^3	可利用水量/万 m^3	需水量/万 m^3	可利用水量与需水量之差/万 m^3
均值	6767.3	2439.0	1642.8	796.2
保证率 $P=75\%$	5198	1663.0	1642.8	20.2
保证率 $P=95\%$	3561	1139.5	1642.8	−503.3

从预测分析结果可知，在正常偏枯年份里，近期水资源可利用量基本能满足经济社会发展的需水要求，但在枯水年份，水资源将出现短缺。B县现状用水量已超过预测期的预测用水量，说明现状用水结构及用水配置与经济社会发展不协调，必须通过调整产业结构、工艺和设备改造，提高水资源的利用率，通过调整价格等措施，控制用水量的不合理增长。建议全县近期平均年用水量控制在1642.8万 m^3 之内。

对于特殊干旱缺水年份，要通过政府制定特殊干旱期应急措施，必要时启动应急对策预案，根据县内实际情况确定应急用水的优先次序和相应的对策。通过降低用水标准、调整配水计划、运用价格杠杆、调整用水优先次序和供水方式，保证群众生活用水，充分考虑生态需水，合理安排生产用水。

3. 水资源配置

水资源配置是指在一个特定的区域或流域内，以可持续发展战略为指导，通过工程与非工程措施，统一调配水资源，并在各流域间及流域内各用水部门间进行科学分配，从而促进经济、社会、环境协调发展。水资源配置基本功能在需水方面通过调整产业结构、调整生产力布局，积极发展高效节水产业，以适应较为不利的水资源条件；在供水方面则加强管理，协调各单位竞争性用水，通过工程措施改变水资源天然时空分布使之与生产力布局相适应。

进行水源配置既要最大限度地保证社会经济和环境对水资源的需求，同时要考虑水资源自身的特性，确保水资源可持续开发利用。因此，在水资源的分配过程中对用水量进行研究，对提高用水效率，促进经济效益、社会效益与环境效益协调发展具有重要意义。水资源配置包括下面内容。

(1) 供水方案分析及供水预测。根据不同水资源开发利用模式及可能的水资源开发利用方案，分析不同水平年的可供水量。

(2) 需水量计算。需水量主要包括农业灌溉用水、工业及居民生活用水、牲畜用水、渔业及生态用水。

7.1.3 水资源规划影响评价及方案的实施与保障

水资源规划影响评价是对规划方案实施以后预期可能产生的各种经济、社会、环境等影响进行鉴别、描述并做出评价。

水资源规划方案的实施，除考虑方案本身的技术经济方面的因素外，还要落实实施水资源规划的外部保障体系，主要包括两点。

1. 完善水资源管理体制

水资源管理体制的完善就是要建立水资源的统一管理体制。即把水资源的开发、利用、治理、配置、节约、保护有机地结合起来，对城市和农村的防洪、除涝、蓄水、供水、用水、节水、排水、水资源保护等实行一体化管理，实现质与量的统一，除害与兴利的统一，开发与治理的统一，节约与保护的统一。建立流域和区域相结合的水资源统一管理体制，包括水资源管理的法规、政策和技术等。

2. 健全水资源利用与保护法律法规体系

通过建立有关法律法规和配套规章制度，实行依法治水。对影响防洪、水资源持续利用与保护的建设和其他活动制定出有效的管理办法，规范水事活动。逐步建立和制定水资源开发利用与保护的监测监督体系、用水统计制度、取水许可制度、入河排污许可制度等。各流域要根据实际情况制定出主要江河水资源的分配方案等，建立科学的水资源调配体系。通过明晰水资源的所有权和使用权，建立适合各流域特点和江河水情的水权（使用权）分配制度，从而实行需水管理。通过不断理顺和调整水价，完善水资源开发利用的经济政策，灵活运用经济杠杆的作用，建立水资源开发利用和管理的良性机制和经济政策体系，通过经济手段调节水事活动。通过建立有效的水资源管理技术体系，保障水资源的高效管理。

7.2 流域及区域水资源综合利用规划案例

A 县是一个水资源较丰富的县，已建成了以供水、灌溉、防洪为主要功能的较完善的水利工程体系，供水工程设计年供水能力达到 13444 万 m^3。但随着经济社会的迅猛发展，A 县供水保障面临比较严峻的形势：一方面水源工程建设仍相对滞后，工程性缺水现象较为突出；另一方面受水权分配影响，供水总量受到限制。

为了贯彻国家新时期治水要求，提高 A 县水资源调控水平和供水保障能力，完善供水保障体系，建立水资源合理配置和高效利用体系，以水资源的可持续利用支撑经济社会的可持续发展，需要根据经济社会可持续发展和生态环境保护对水资源的要求，制定该县水资源综合利用规划。

A 县水资源综合利用规划的主要任务有水资源调查评价、水资源开发利用情况调查评价、需水预测、节约用水潜力分析、水资源保护、供水预测、水资源配置、总体布局与实施方案、规划实施效果评价等内容。

根据实施最严格的水资源管理制度要求，规划提出了A县水资源合理开发、高效利用、优化配置、全面节约、有效保护、综合治理和科学管理的总体布局，合理制定了生活、生产、生态诸行业的用水指标；

解决了今后一个时期A县水资源配置能力空间布局问题，对于促进和保障全县人口、资源、环境与经济协调发展，以水资源的可持续利用支撑经济社会的可持续发展，具有重大战略意义，可作为今后一段时期全县水利基础设施建设的基本依据。

具体规划正文内容如下。

7.2.1　水资源规划背景与基础

7.2.1.1　自然概况

1. 地理位置

A县地处甘肃省中部，位于河西走廊和祁连山东端，地理位置为东经102°07′～103°46′、北纬36°31′～37°55′，境南北长158.4km、东西宽142.6km，总土地面积7149.8km²。按流域划分，以代乾山、乌鞘岭及毛毛山为界，全县分属内陆河、黄河两大流域，其中内陆河流域面积约3472km²、黄河流域面积约3678km²。

2. 地形地貌

A县处于青藏高原、黄土高原和内蒙古高原的交会地带，属青藏高原东北边缘，境内地势西部高峻、东南逐渐变低，海拔为2040～4874m。地形多为山丘区，沟壑密度为1.608km/km²，坡面主要以梁、峁、坡、裸岩组成，小于5°的坡面面积为689.02km²，占总面积的9.6%；大于45°的坡面面积为347.44km²，占总面积的4.9%。

地貌以山地为主，山脉纵横，沟谷交错，多崇山峻岭，境内海拔4000m以上的大山就有9座。有终年积雪的雪山大川，有碧草如茵的广阔草原，全县植被覆盖率达80.7%，森林覆盖率为27.4%。

3. 土壤地质

内陆河地区：主要由寒武奥陶系浅变质砂岩、千枚岩、变质火山岩以及花岗岩构成，有上古生界、中生界碎屑岩及煤系地层。

金强河地区：地势险陡，河谷谷底侵蚀作用剧烈，而且第四系山麓洪积扇群相重叠而发展，堆积物厚度巨大。

大通河地区：位于祁吕贺山字形构造体系、祁吕弧形褶皱带西翼多字型构造的拉脊山笔背斜北支和青石岭复背斜、玛雅雪山复背斜北支三个褶皱带之间。

松山地区：灌区出露奥陶系中上统灰绿色变质安山凝灰岩，英安凝灰岩及集块岩，主要分布在毛毛山；变质石英长石砂岩，变质长石砂岩，千枚状板岩，分布于松山滩北部山区；第四系地层广泛分布于沟谷阶地，山麓坡地及新生代断陷盆地主要有冰水堆积砾石、冰水堆积漂卵砾石、冲洪积漂卵砾石、洪积砂砾碎石、黄土、壤土、沙壤土等。

7.2.1.2　水文气象

1. 气候

A县气温低，年均气温－2～4℃，大于等于10℃积温为120～878℃，无霜期85～

140d；光照不足，作物生长期短；降水较少，多年平均年降水量 305～624mm，降雨量多集中在 6—9 月，且时空分布极不均衡；多年平均年蒸发量 728～1871mm。气候带的垂直分布十分明显，小区域气候复杂多变，常有干旱、冰雹、洪涝、霜冻、风雪等自然灾害发生。

2. 河流水系

全县河流按其归宿，分两大流域 3 个水系，共有较大主沟 115 条，一、二级支沟 9529 条，其中内流河流域为石羊河水系，黄河流域分黄河干流和湟水两个水系。

黄河干流水系主要河流有 3 条，A 县境内流域面积分别为 1750.9km^2、567km^2、219km^2。

湟水水系主要河流是大通河，经天堂寺进入 A 县境内，流域面积为 1141km^2。

石羊河水系可分为 6 个小水系，A 县境内流域面积依次为 340km^2、97km^2、881km^2、482km^2、660km^2、212km^2。

7.2.1.3 经济社会概况

1. 人口及分布

截至 2011 年年底，A 县总人口为 21.61 万人，内陆河流域总人口 8.47 万人，占全县总人口数的 39.18%，城镇人口 0.40 万人，城镇化率 4.70%，黄河流域城镇化率 30.30%，具体分布见表 7.7。

表 7.7　A 县 2011 年各灌区各乡镇人口分布情况表

灌区名称	乡镇	人口/万人			城镇化率/%	占全县人口百分比/%
		城镇	农村	小计		
灌区一	乡镇一	228	4037	4265	4.76	37.64
	乡镇二	411	6343	6754		
	乡镇三	51	1269	1320		
	乡镇四	270	10421	10691		
	乡镇五	1160	22819	23979		
	乡镇六	1050	9235	10285		
	乡镇七	343	12998	13341		
	乡镇八	357	10342	10699		
	乡镇九	3870	77464	81334		
灌区二	乡镇一	110	3227	3337	8.22	7.8
	乡镇二	1276	12243	13519		
	乡镇三	1386	15470	16856		
灌区三	乡镇一	385	10789	11174	18.4	19.77
	乡镇二	6951	6940	13891		
	乡镇三	466	13115	13581		
	乡镇四	58	3792	3850		
	乡镇五	1	224	225		
	乡镇六	7861	34860	42721		

续表

灌区名称	乡镇	人口/万人			城镇化率/%	占全县人口百分比/%
		城镇	农村	小计		
灌区四	乡镇一	0	4265	4265	41.33	34.8
	乡镇二	1311	15359	16670		
	乡镇三	1671	5757	7428		
	乡镇四	28095	18738	46833		
	乡镇五	31077	44119	75196		
全县合计		44194	171913	216107	20.45	100

2. 经济发展状况

2011年，全县实现地区生产总值（GDP）28.98亿元，三次产业结构比例由2010年的17.03∶49.54∶33.43调整为14.11∶55.49∶30.4。全年实现工业生产总值11.96亿元，其中规模以上工业企业完成9.52万元，经济效益综合指数达235.95；非公有制工业完成8.82亿元；大口径财政收入达到4.10亿元，比上年增长63.3%；全社会固定资产投资达到41.77亿元，同比增长59.34%；社会消费品零售总额达到13.50亿元；农牧民人均纯收入达到3199元，城镇居民可支配收入12572元。居民收入水平仍低于全国平均水平，属于经济欠发达地区。A县经济发展状况详见表7.8。

表7.8　　A县2011年经济发展状况表

灌区名称	乡镇	生产总值/万元			
		第一产业	第二产业	第三产业	合计
灌区一	乡镇一	1972	2862	1495	6329
	乡镇二	1971	3241	1409	6621
	乡镇三	824	2917	964	4705
	乡镇四	1695	2389	2349	6433
	乡镇五	2107	7565	3814	13486
	乡镇六	1713	11188	2219	15120
	乡镇七	2117	7451	2758	12326
	乡镇八	2124	2449	2788	7361
	乡镇九	14523	40062	17796	72381
灌区二	乡镇一	801	3660	2962	7423
	乡镇二	4637	4417	1976	11030
	乡镇三	5438	8077	4938	18453
灌区三	乡镇一	1835	7208	4380	13423
	乡镇二	2069	34197	4838	41104
	乡镇三	3446	4297	2812	10555
	乡镇四	659	1011	2665	4335

续表

灌区名称	乡镇	生产总值/万元			
		第一产业	第二产业	第三产业	合计
灌区三	乡镇五	203	955	147	1305
	乡镇六	8212	47668	14842	70722
灌区四	乡镇一	2294	2265	2559	7118
	乡镇二	2780	15728	3659	22167
	乡镇三	1937	4385	4405	10727
	乡镇四	5723	42637	39915	88275
	乡镇五	12734	65015	50538	128287
全县合计		40907	160822	88114	289843
占生产总值的百分比/%		14.1	55.5	30.4	100
同比增长/%		5.29	24.2	12.5	17

3. 土地开发状况

全县总土地面积1072.47万亩，人均49.63亩，耕地面积32.12万亩，占总土地面积的2.99%，人均占有耕地1.49亩；园地面积26.72万亩，占2.49%；林地面积410.33万亩，占38.26%；草原面积520.20万亩，占48.50%；水域面积1.36万亩，占0.13%；工矿、道路、居民点用地11.69万亩，占1.09%；未利用土地70.05万亩，占6.53%。

7.2.2　水资源及其开发利用现状

7.2.2.1　水资源分区

根据全国水资源分区的统一划分和黄河流域片的特殊要求，A县水资源分区的一级区为西北诸河、黄河2个区，根据自然地理特性、水资源特点，划分了3个二级区、4个三级区、10个四级区、12个五级区。A县水资源分区详见表7.9。

7.2.2.2　水资源评价

1. 降水量情况

选用有代表性的雨量站，根据其1956—2011年同步降水系列资料分析计算县平均降水量。县内陆河地区多年平均年降水量为316.9～624.1mm；大通河地区为400.8～469.7mm；庄浪河地区为337.8～483.5mm；东大滩乡（局部）与松山地区接近，均为305.2mm。全境多年平均年降水量为305～624mm，以雨量站代表面积为权重对降水量进行加权计算，得A县多年平均年降水量为424.3mm，折合水量30.34亿m^3。降水量年际变化显著，时空分布不均。4—10月降水占全年降水的90%以上，大部分降水集中在7—9三个月，占全年降水量的70%以上。

2. 水资源数量

（1）地表水资源量。A县境内地表径流补给以降水、冰雪融水和各类潜水为主，年内分配很不均匀，且年际变化大。经计算，地表水资源总量10.42亿m^3，其中黄河流域4.416亿m^3，内陆河流域6.003亿m^3。

表 7.9 **A 县水资源分区表**

一级区		二级区		三级区		四级区		五级区		行政区划	面积/km²		水资源量/亿 m³			
名称	编码	名称	编码	名称	编码	名称	编码	名称	编码	乡镇名称	面积	小计	地表	地下	水资源量	小计
西北诸河区	k000000	河西走廊内陆河	k020000	石羊河	k020100	西营河	K020110	西营渠首以上	K020111	乡镇 K1	340	3471.9	0.9908	0.149	1.14	7.436
						金塔河	K020120	金塔河渠首以上	K020121	乡镇 K2	399.8		0.5961	0.1752	0.7713	
										乡镇 K3	481.2		0.7175	0.2108	0.9283	
						杂木河	K020130	杂木河渠首以上	K020131	乡镇 K4	17.6		0.0488	0.0077	0.0565	
										乡镇 K5	586.4		1.625	0.2569	1.882	
										乡镇 K6	293		0.8122	0.1284	0.9406	
						黄羊河	K020140	黄羊河渠首以上	K020141	乡镇 K7	5		0.0074	0.0022	0.0096	
										乡镇 K8	477		0.7104	0.2088	0.9192	
						古浪河	K020150	柳条河	K020151	乡镇 K9	32.8		0.0216	0.0144	0.036	
								龙沟河	K020151	乡镇 K10	206		0.1357	0.0902	0.2259	
										乡镇 K11	156.7		0.1033	0.0686	0.1719	
								黄羊川河	K020152	乡镇 K12	156		0.1028	0.0683	0.1711	
										乡镇 K13	108.5		0.0715	0.0475	0.119	
						大靖河	K020160	大靖河出山口以上	K020161	乡镇 K14	133.7		0.038	0.0025	0.0405	
										乡镇 K15	78.2		0.0222	0.0015	0.0237	
黄河区	D000000	龙羊峡至兰州	D020000	大通河	D020100	大通河	D020100	大通河	D020100	乡镇 D1	302.1	1141	0.5799	0.1589	0.7388	2.79
										乡镇 D2	237.7		0.4563	0.125	0.5813	
										乡镇 D3	393		0.7543	0.2067	0.961	
										乡镇 D4	55.2		0.106	0.029	0.135	
										乡镇 D5	153		0.2937	0.0805	0.3742	
				龙羊峡至兰州干流区	D020400	庄浪河	D020410	庄浪河	D020410	乡镇 D6	14.2	2317.9	0.0142	0.0029	0.0171	2.662
										乡镇 D7	118.8		0.1188	0.0243	0.1431	
										乡镇 D8	459.2		0.4591	0.0939	0.553	
										乡镇 D9	492.5		0.4924	0.1007	0.5931	
										乡镇 D10	177.3		0.1773	0.0363	0.2136	
										乡镇 D11	488.9		0.4888	0.1	0.5888	
						龙羊峡至兰州干流区	D020420	龙羊峡至兰州干流区	D020420	乡镇 D12	74.7		0.0605	0.0124	0.0729	
										乡镇 D13	492.3		0.3987	0.0816	0.4803	
		兰州至河口镇	D030000	兰州至下河沿	D030100	兰州至大柳树（西岸）	D030120	兰州至大柳树（西岸）	D030120	乡镇 D14	219	219	0.016	0.01	0.026	0.026

（2）地下水资源量。A 县地下水主要为基岩裂隙水、碎硝岩裂隙岩水及山区河（沟）谷潜水。山丘区地下水补给以雨洪、冰雪融水为主，主要分布在山间基岩裂隙和沟谷砾层的孔隙中，沟谷潜水与基岩裂隙水出露地表成为地表水。平原区地下水补给主要是沟谷潜水及河道、雨洪、渠系灌溉入渗补给。分析计算得：地下水总储量为 2.494 亿 m^3，其中黄河流域 1.062 亿 m^3，内陆河流域 1.432 亿 m^3。

（3）水资源总量。根据水平衡公式，水资源总量包括河川径流量（地表水资源量）和降雨入渗补给地下水而未通过河川基流排泄的水量（地下水资源量中与地表水资源量计算之间的不重复量）。经计算，A 县水资源总量为 12.914 亿 m^3，其中多年平均自产地表水资源量 10.42 亿 m^3、多年平均地下水资源量 2.494 亿 m^3。过境水资源量 38.74 亿 m^3。各区域水资源量分布详见表 7.10，各水资源五级区及乡镇水资源量见表 7.9。

表 7.10　A 县各区域水资源量表

单位：亿 m^3

区　域	地　表	地　下	小　计
内陆河地区	6.0033	1.432	7.4353
大通河地区	2.1902	0.6001	2.7903
庄浪河地区	1.7506	0.3581	2.1087
龙羊峡至兰州干流区	0.4592	0.094	0.5532
兰州至大柳树（西岸）	0.016	0.01	0.026

3. 水资源质量

A 县水源及径流地段大部分地处天然河流上游，人类活动对上游水源影响较小，地表水水质良好，各流域水环境质量基本达到了规定的地表水环境质量Ⅱ类标准。主要河流矿化度小于 0.22g/L，离子总量一般小于 360mg/L，水的硬度分布趋势大致与矿化度相同，中高山区小于 3mg/L，属软水区，中低山区及其他区一般为 3～6mg/L，属适度硬水区。河流水化学类型一般为 $HCO_3^- - Ca^{2+} - Mg^{2+}$，人畜可以饮用，亦可用于灌溉。

境内地下水水质良好，水化学成分的形成以溶滤作用为主，受地质环境背景的影响，水化学类型为 $HCO_3^- - SO_4^{2-} - Ca^{2+} - Mg^{2+}$ 型，溶解性总固体为 0.376～0.472g/L，总硬度为 260～289mg/L。

境内山区植被覆盖率较高，河流泥沙除杂木河、西营河、古浪河、黄羊河、金强河含沙量较大外，其余河流含沙量不大。

4. 水资源可利用量

地表水资源量包括不可以被利用和不可能被利用的水量。不可以被利用水量是指不允许利用的水量，以免造成生态环境恶化及植被破坏的严重后果，即必须满足河道生态环境用水量。不可能被利用的水量是指受种种因素和条件的限制，无法被利用的水量。多年平均水资源可利用量计算采用多年平均水资源量减去不可以被利用的水量和不可能被利用水量中的汛期下泄洪水量的多年平均值，得出多年平均水资源可利用量（倒算法），即：$W_{地表水资源可利用量} = W_{地表水资源量} - W_{河道内最小环境需水量} - W_{洪水弃水}$。对规划区地表水资源可利用量与水资源可利用总量估算，得规划区水资源可利用量为 2.286 亿 m^3，其中地表水资源可利用量 1.797 亿 m^3，地下水资源可利用量 0.489 亿 m^3，详见表 7.11。

表 7.11　　规划区水资源可利用量表　　单位：万 m^3

区域	地表水	地下水	总量
庄浪河区域	10880	2720	13600
内陆河区域	5000	1000	6000
大通河区域	1799	867	2666
松山盆地	291.5	299	590.5
小计	17970	4886	22856

7.2.2.3　水资源开发利用情况

1. 现状供水工程数量、规模及供水能力

截至 2011 年年底，A 县共有小型水库 5 座，全为水利部门管理，总库容 319.9 万 m^3；塘坝 12 座，总库容 19.5 万 m^3；自流引水工程 44 处；机电提灌站 18 座，总扬程 425m；基本地下水井 20 眼，机电井 33 眼；集雨水窖 11712 眼。A 县供水工程数量汇总统计见表 7.12。

表 7.12　　A 县 2011 年现状供水工程数量汇总表

流域	地表水供水工程				地下水供水工程		其他水源
	蓄水工程		自流引水工程/处	机电提灌工程/座	浅层地下水		集雨水窖数量/眼
	水库数/座	塘坝/座			生产井数量/眼	其中：配套机电井数量/眼	
内陆河	1	0	7	0	2	1	3519
黄河	4	12	37	18	51	32	8193
小计	5	12	44	18	53	33	11712

经统计计算，全区各类水利工程供水能力为 1.238 亿 m^3，其中地表水工程现状供水能力为 1.124 亿 m^3，地下水工程现状供水能力为 0.112 亿 m^3，集雨水窖供水能力为 0.0015 亿 m^3，详见表 7.13。

表 7.13　　A 县 2011 年现状工程供水能力统计表　　单位：万 m^3

流域	地表水工程现状供水能力				地下水工程现状供水能力	其他水源现状供水能力（集雨水窖）	总计
	蓄水	引水	提水	小计			
内陆河	0	1466	0	1466	16	0	1482
黄河	720	8833.5	222	9775.5	1104.5	15	10895
小计	720	10299.5	222	11241.5	1120.5	15	12377

2. 现状供用水量

A 县各类工程总供水量为 11700 万 m^3，详见表 7.14。

A 县各部门总用水量 11700 万 m^3，与供水量一致。各部门用水量详见表 7.15。

表7.14　A县2011年各类工程供水量表　单位：万m^3

流域	地表水供水量				地下水供水量	其他供水量	合计
	蓄水工程	引水工程	提水工程	小计			
内陆河	0	805	0	805	0	0	805
黄河	196	9488.4	187	9871.4	1008.6	15	10895
全县	196	10293.4	187	10676.4	1008.6	15	11700

表7.15　A县2011年各部门用水量表　单位：万m^3

流域	城镇生活	农村生活	工业	生态环境	农业	总计
内陆河	33	256	41	9	466	805
黄河	236	631	661.1	186	9181	10895
全县	269	887	702.1	195	9647	11700

注　表中城镇生活用水含公共用水；农村生活用水含牲畜用水；工业用水含建筑业用水。

3. 用水消耗量

工业、城镇生活耗水量等于工业、城镇生活用水量减去废污水排放量，耗水率采用耗水量与用水量之比值，根据2011年实际用水量和调查的排污水量估算。

农业灌溉耗水量主要由渠系耗水和田间耗水两部分组成，其耗水量估算除采用理论分析计算外，还通过对附近区域一些有引水、退水观测资料的灌区分析，印证确定耗水量和耗水率。统计计算知A县各部门总耗水量8104.7万m^3，综合耗水率为69.3%，各部门耗水率详见表7.16。

表7.16　A县2011年各部门耗水率表　%

流域	城镇生活	农村生活	工业	农业	生态环境	综合
内陆河	100	100	32.3	71.4	48	79.4
黄河	70	100	32.9	69.3	48	68.5
全县	73.7	100	32.9	69.4	48	69.3

4. 现状用水水平分析

2011年A县人均用水量541m^3，与前一年相比有所增加，较全省人均值高62m^3；万元GDP用水量为404m^3（当年价，下同），比前一年下降50m^3，较全省GDP用水量高159m^3；农业灌溉亩均用水量为647m^3，较前一年下降87m^3，较全省高94m^3；城镇生活用水量为167L/(人·d)，较前一年下降27L/(人·d)，较全省城镇生活用水量低7L/(人·d)；农村生活用水量为141L/(人·d)（含牲畜用水），较前一年增加25L/(人·d)，较全省高88L/(人·d)；万元工业增加值用水量为59m^3，较全省低20m^3。

上述分析表明，A县用水水平和用水效率与上一年相比有了较大提高，与全省水平相比，工业主要以原煤、碳化硅、水电生产等产业为主，水资源消耗量较少，用水指标相对较低；农业水资源利用方式粗放，大水漫灌现象较多，用水指标相对偏高；农村生活用水量中有较大部分水量为大小牲畜所用（评价区牛羊数量基数较大），按人口数计算的用水指标应该偏高。基于上述因素考虑，A县用水水平基本合理。

5. 水资源开发利用程度分析

A县河流较多，黄河流域水资源开发利用程度高于内陆河流域。全县当地地表水资源开发率为10.25%，平原区浅层地下水开采率为4.05%，水资源利用消耗率为6.3%。全区水资源开发利用程度分析见表7.17。

表7.17　全区水资源开发利用程度分析表

流域	地表水			平原区浅层地下水			水资源总量		
	供水量/亿 m^3	水资源量/亿 m^3	开发率/%	开采量/亿 m^3	水资源量/亿 m^3	开发率/%	用水消耗量/亿 m^3	水资源总量/亿 m^3	水资源利用消耗率/%
	(1)	(2)	(3)=(1)/(2)	(4)	(5)	(6)=(4)/(5)	(7)	(8)	(9)=(7)/(8)
内陆河	0.0805	6.004	1.34	0	1.432	0	0.0639	7.436	0.86
黄河	0.9871	4.416	22.35	0.1009	1.062	9.5	0.7465	5.48	13.6
全县	1.068	10.42	10.25	0.1009	2.494	4.05	0.8104	12.914	6.3

A县海拔较高，雨量相对充沛，水资源较丰富，由于经济欠发达，水资源开发利用程度低，应充分利用水资源丰富优势，加快社会经济的发展。

7.2.2.4　水资源开发利用中存在的问题分析

(1) 水资源时空分布不均，结构性缺水情况较严重。工程性缺水和资源性缺水的局面共存，制约着区域经济的发展。

(2) 水利基础设施建设投入不足。经济发展相对滞后，地方财力不足，水利工程建设中地方配套资金不能到位，水利工程建设主要依赖于国家的扶持和补助。

(3) 无骨干项目支撑，水利发展后劲不足。水资源利用率低下、水利基础设施薄弱。

(4) 水利工程老化失修严重。本区气候条件较为恶劣，水利工程冻胀破损问题严重。A县水利工程设施完好率仅占45%，已衬砌的干支渠有52%严重老化失修，现有的5座小型水库中，1座带病运行，1座空库运行。

7.2.2.5　现状水资源供需分析

A县需水量13390万 m^3、供水量11700万 m^3，缺水量1690万 m^3，缺水程度12.6%。区内各地都不同程度缺水，其原因主要是政策性缺水、工程性缺水（结构性缺水）。

A县2011年各类工程总供水量为11700万 m^3，根据2011年A县统计年鉴，全县主要社会经济指标见表7.18。

表7.18　2011年A县主要社会经济指标表

城镇人口/万人	农村人口/万人	牧业牲畜		农业/万亩		工业增加值/亿元	生态环境保护面积/万亩
		大/万头	小/万只	农田	林草		
4.42	17.19	10.6	67.2	12.87	2.03	11.96	0.06

根据修订后的《甘肃省行业用水定额》，2011年A县各行业用水定额见表7.19。表中生态环境用水定额是依据《室外给水设计规范》(GB 50013—2018) 中浇洒道路及浇洒

绿地用水标准（取中间值）换算的。

表7.19　　2011年A县各行业用水定额表

城镇生活/[L/(人·d)]	农村			农业/(m^3/亩)		工业万元产值用水/m^3	生态/(m^3/亩)
	生活/[L/(人·d)]	牲畜					
		大/[L/(头·d)]	小/[L/(只·d)]	农田	林草		
140	50	40	10	760	712	100	487

利用社会经济指标（表7.18）与各行业用水定额（表7.19）计算各行业需水量［对于城镇生活、农村生活及牧业牲畜需水量（万m^3）＝经济指标×定额×365d×$10^{-3}m^3$；对于农业、工业及生态环境需水量（万m^3）＝经济指标×定额］，详见表7.20。

表7.20　　2011年A县需水量表　　单位：万m^3

项目	城镇生活	农村生活	牧业牲畜		农业		工业	生态环境	合计
			大	小	农田	林草			
需水量	225.9	313.7	154.8	245.3	9781	1445	1196	29.22	13390

2011年A县需水量13390万m^3、供水量11700万m^3，缺水量1690万m^3，缺水程度12.6%。县内内陆河流域及黄河流域地区都不同程度缺水，其原因主要是政策性缺水、工程性缺水（结构性缺水）。

7.2.2.6　水能利用及规划

水能开发利用是A县经济发展战略的需要，也是落实全县范围内退耕还林（草），治理水土流失、草原生态荒漠化，保护生态环境，促进旅游开发规划的必要因素，对于实现A县经济可持续发展的战略目标，具有重要意义。

A县境内已建成运行的水电站有3个，全由私营企业管理。规划在2016—2020年间新建9座水电站，总装机容量5.2万kW，年均发电量8839万kWh，估算总投资2.19亿元。

7.3　社会经济发展对水资源的需求分析

7.3.1　社会经济发展指标分析

参考《甘肃省全面建设小康社会规划纲要》《＊＊市国民经济“十三五”规划》及＊＊市发改委有关文件、《A县国民经济和社会发展“十三五”规划纲要》《A县城给水工程专项规划（2012—2020）》等规划成果，对A县各规划水平年的经济社会发展指标进行预测。

1. 人口预测

A县是一个少数民族集聚较多的县区，人口增长速度预测，既要考虑国家、甘肃省对人口的控制目标要求，也要考虑国家对少数民族地区的特殊计生政策。在2011—2030年期间，预测全县总人口将新增2.69万人，城镇化率提高39个百分点，详见表7.21。

表 7.21 A 县人口预测表

水平年	总人口/万人	城镇人口/万人	农村人口/万人	城镇化率/%	总人口增长率/‰
2011	21.61	4.42	17.19	20.45	6.17
2015	22.16	6.52	15.64	29.42	6.25
2016	22.30	7.06	15.24	31.66	6.27
2020	22.86	9.17	13.69	40.11	6.3
2030	24.30	14.45	9.85	59.46	6.12

2. 生产总值（GDP）预测

2011 年全县实现地区生产总值（GDP）28.98 亿元，增速为 17.0%。随着发展战略的实施，A 县经济将呈较快发展态势，到中期规划年初步实现全面建设小康社会的总体目标，力争在远期规划年缩小与省内较发达地区的差距。GDP 和产业结构变化预测见表 7.22。

表 7.22 A 县地区生产总值和产业结构预测表

水平年	GDP /亿元	第一产业		第二产业		第三产业	
		产值/亿元	占 GDP/%	产值/亿元	占 GDP/%	产值/亿元	占 GDP/%
2011	28.98	4.09	14.1	16.08	55.5	8.81	30.4
2015	45.93	6.19	13.47	25.83	56.24	13.91	30.29
2016	50.17	6.71	13.37	28.27	56.35	15.19	30.28
2020	80.07	10.12	12.64	45.97	57.41	23.98	29.95
2030	217.32	24.23	11.15	127.42	58.63	65.67	30.22

3. 第一产业发展预测

（1）农田灌溉面积。根据 A 县国土资源情况和水资源条件，结合人口增长，在保证粮食自给、区域平衡的前提下，控制现有耕地面积，调整种植结构，提高粮食单产，发展高效节水农业，规划适度扩大农田灌溉面积。

《甘肃省黄河流域规划》规划至 2020 年 A 县黄河流域新增灌溉面积 0.883 万亩，至 2030 年新增灌溉面积 0.783 万亩；至 2016 年，A 县南阳山片下山入川生态移民小康供水工程新增灌溉面积 7.40 万亩；《甘肃省湟水流域综合规划报告》规划 2009—2020 年大通河地区（朱岔灌区）新增灌溉面积 0.61 万亩，2020—2030 年新增灌溉面积 0.53 万亩。2016 年之前，由于国家重点项目（高速公路复线、铁路复线、通道绿化、县城扩建、小城镇建设等）实施，黄河流域减少灌溉面积 2.02 万亩，其中高速公路 0.24 万亩、铁路复线 0.12 万亩、通道绿化 0.48 万亩、县城扩建及工业园区 1.18 万亩。

由此预测，2011—2015 年间全县新增有效灌溉面积 5.24 万亩；2015—2020 年间新增有效灌溉面积 2.25 万亩；2020—2030 年间新增灌溉面积 0.69 万亩。各规划水平年灌溉面积发展指标见表 7.23。

（2）林牧灌溉面积。大力发展林果业和畜牧业，既可调整农业产业结构单一、产业化程度低的局面，又是改善农牧民生产生活条件，尽快脱贫致富的重要途径。《甘肃省黄河

表 7.23　　A 县农田有效灌溉面积发展预测表　　单位：万亩

流域	2011 年	2015 年		2016 年		2020 年		2030 年	
		新增	达到	新增	达到	新增	达到	新增	达到
内陆河	1.73	0	1.73	0	1.73	0	1.73	0	1.73
黄河	11.15	5.24	16.39	1.31	17.7	0.94	18.64	0.69	19.33
全县	12.87	5.24	18.12	1.31	19.43	0.94	20.37	0.69	21.06

流域规划》规划至 2020 年 A 县黄河流域新增牧草灌溉面积 6.00 万亩，至 2016 年，南阳山片下山入川生态移民小康供水工程新增牧草灌溉面积约 4.00 万亩。以发展农村经济和提高农民收入水平为目标，以当地市场需求为导向，考虑土地资源的合理利用和水资源条件的制约，预测全县林牧业灌溉面积由 2011 年的 2.03 万亩发展到 2030 年的 12.25 万亩，见表 7.24。

表 7.24　　A 县林牧业发展灌溉面积指标表　　单位：万亩

水平年	林果地	草地	合计
2011	0.8	1.23	2.03
2015	0.8	7.1	7.9
2016	0.85	8.56	9.41
2020	0.89	11.23	12.12
2030	1.02	11.23	12.25

(3) 牲畜发展指标。畜牧业是 A 县大力培养发展的产业。预测全区牲畜总头数由 2011 年的 77.8 万头，发展到 2030 年的 101.5 万头，年均增长率 1.41%，其中大牲畜年均增长率 1.74%，小牲畜年均增长率 1.36%，详见表 7.25。

表 7.25　　A 县大、小牲畜头数预测表

流域	2011 年		2015 年		2016 年		2020 年		2030 年	
	大牲畜/万头	小牲畜/万只	大牲畜/万头	小牲畜/万只	大牲畜/万头	小牲畜/万只	大牲畜/万头	小牲畜/万只	大牲畜/万头	小牲畜/万只
内陆河	4.7	28.7	5.0	30.3	5.1	30.7	5.5	32.4	6.5	37.1
黄河	5.9	38.5	6.4	40.7	6.5	41.2	6.9	43.5	8.2	49.7
全县	10.6	67.2	11.4	71.0	11.6	71.9	12.4	75.9	14.7	86.8

4. 第二产业发展预测

2011—2030 年是省内工业化、城市化、现代化水平快速提高的时期，与此相适应的工业重要设施的建设、城乡基础设施建设等都将进入一个高峰期，也是全面建设小康社会、人民生活水平不断提高的时期，社会事业的发展和人民生活水平的提高，将持续扩大对建筑业的需求。A 县第二产业（工业、建筑业）发展预测指标见表 7.26。

5. 第三产业发展预测

2011 年全县第三产业增加值为 8.81 亿元，占 GDP 的 30.4%，预计 2015 年、2020 年、2030 年增加值分别达到 13.91 亿元、23.98 亿元、65.67 亿元，年均增长率分别为 12.1%、

表 7.26　　A县工业、建筑业发展指标预测表

流域	水平年	工业		建筑业	
		产值/亿元	增长率/%	产值/亿元	增长率/%
内陆河	2011	2.98		1.03	
	2015	4.95		1.49	
	2016	5.44		1.61	
	2020	9.13		2.33	
	2030	26.45		5.31	
黄河	2011	8.98		3.09	
	2015	14.92		4.47	
	2016	16.4		4.82	
	2020	27.52		6.98	
	2030	79.71		15.93	
全县	2011	11.96		4.12	
	2015	19.86	12.8	5.97	9.3
	2016	21.84	12.8	6.43	9.3
	2020	36.66	13.82	9.31	9.7
	2030	106.17	11.22	21.25	8.6

11.5%、10.6%。

6. 河道外生态环境指标预测

A县河道外生态环境发展指标主要包括城镇绿地面积和环境卫生用水（如道路浇洒等）面积两项。规划2015年、2020年和2030年城镇绿地面积分别达到0.127万亩、0.204万亩和0.335万亩，城镇环境卫生面积按人均6～10m^2（相当于建成区面积的5%～15%）预测，案例中环境卫生用水面积分别达到0.104万亩、0.18万亩和0.34万亩。全县各规划水平年河道外生态环境用水面积分别为0.231万亩、0.374万亩和0.675万亩。

7.3.2 社会经济需水预测

在满足用水总量控制政策的要求下，考虑产业结构调整和节水措施的实施，预测经济社会需水。

1. 生活需水量预测

(1) 人口用水定额。随着居民生活水平的不断提高，城乡生活用水定额呈逐年增大的趋势。在居民节水意识不断提高、节水器具和管网节水等方面中等投入力度条件下，预测居民生活需水定额详见表7.27。

表 7.27　　A县不同水平年居民生活需水定额表　　单位：L/(人·d)

2011年		2015年		2016年		2020年		2030年	
城镇	农村	城镇	农村	城镇	农村	城镇	农村	城镇	农村
140	50	120	57	123	60	130	65	140	70

(2) 生活需水量预测。根据不同水平年人口预测（表 7.21）及其用水定额（表 7.27），计算规划区不同水平年居民生活需水量｛需水量（万 m^3）＝人口（万人）×用水定额［L/(人·d)］×365d×$10^{-3}$$m^3$｝，详见表 7.28。

表 7.28　A 县不同水平年居民生活需水量表　单位：万 m^3

流域	2011 年		2015 年		2016 年		2020 年		2030 年	
	城镇	农村	城镇	农村	城镇	农村	城镇	农村	城镇	农村
内陆河	19.93	141.44	95.92	127.74	119.42	125.49	163.7	122.18	277.47	94.79
黄河	205.93	172.28	189.65	197.65	197.54	208.27	271.41	202.61	460.92	157.13
全县	225.86	313.72	285.57	325.39	316.96	333.76	435.11	324.79	738.39	251.92

2. 第一产业需水预测

(1) 农林牧渔畜需水定额预测。

1) 农田灌溉定额预测。结合不同流域的灌溉方式（渠灌、井灌、井渠混合灌），考虑有效降雨和节水改造因素，预测不同水平年的灌溉水利用系数，见表 7.29。

表 7.29　A 县不同水平年灌溉水利用系数表

流域	2011 年	2015 年	2016 年	2020 年	2030 年
内陆河	0.52	0.54	0.54	0.57	0.60
黄河	0.42	0.47	0.47	0.55	0.60
全县	0.43	0.47	0.47	0.55	0.60

规划全县农田毛灌溉定额由 2011 年的 709m^3/亩下降到 2030 年的 290m^3/亩（$P=50\%$），亩均节水量为 419m^3。黄河流域农田毛灌溉定额由 2011 年的 760m^3/亩下降到 2030 年的 304m^3/亩（$P=50\%$），亩均节水量为 456m^3。内陆河流域在现状配水水平基础上只考虑节水增效效果，不考虑来水丰枯变化，规划其农田毛灌溉定额由 2011 年的 760m^3/亩下降到 2030 年的 135m^3/亩（$P=50\%$），亩均节水量为 525m^3。A 县不同规划水平年农田毛灌溉定额见表 7.30。

表 7.30　A 县不同水平年农田综合毛灌溉定额表　单位：m^3/亩

流域	水平年	$P=50\%$	$P=75\%$	$P=90\%$
内陆河	2011	760	760	760
	2015	270	270	270
	2016	270	270	270
	2020	248	270	270
	2030	135	149	163
黄河	2011	760	760	760
	2015	471	518	565
	2016	423	465	512
	2020	366	403	439
	2030	304	334	368

续表

流域	水平年	P=50%	P=75%	P=90%
全县	2011	760	760	760
	2015	451	494	537
	2016	409	448	490
	2020	356	392	425
	2030	290	319	351

2）林牧灌溉定额预测。林牧业用水定额参照省内内陆河流域灌溉试验站资料及大型灌区节水改造项目相关资料确定。考虑到林果、牧草种植地域比较集中，且种植面积相对较小，宜于实施较先进的节灌技术，所以用水定额规划得相对较小。全县不同水平年林牧灌溉毛定额见表7.31。

表7.31　　A县林牧灌溉毛定额采用值表　　单位：m^3/亩

流　域	水平年	灌溉林果地	灌溉草地
黄河	2011	712	712
	2015	408	212
	2016	384	199
	2020	372	193
	2030	342	186
全县	2011	712	712
	2015	408	212
	2016	384	199
	2020	372	193
	2030	342	186

3）牲畜需水定额。考虑到生态建设、规模养殖等的需要，部分牲畜从散养逐步转向集中养殖，其用水量呈增长趋势，在现状需水定额（表7.19）基础上，规划2015年、2016年、2020年和2030年全县大牲畜用水定额分别为45L/(头・d)、45L/(头・d)、48L/(头・d)和50L/(头・d)，小牲畜用水定额分别为9L/(只・d)、9L/(只・d)、10L/(只・d)和11L/(只・d)。

(2) 农林牧渔畜需水量预测。

1）农田灌溉需水量。根据农田有效灌溉面积（表7.23），考虑有效降雨、节水改造后的农田灌溉毛定额（表7.30），计算农田灌溉毛需水量（需水量=有效灌溉面积×灌溉毛定额），结果见表7.32（2011年数值按真实值计）。2020年、2030年需水较基准年有所减少，即需水呈递减趋势。

2）林牧灌溉需水量。根据规划的林牧发展灌溉面积（表7.24）及其灌溉定额（表7.31），计算林果地和草地的灌溉需水量（需水量=面积×灌溉定额），详见表7.33。

表 7.32　　A 县农田灌溉毛需水量表

流域	水平年	农田灌溉毛需水量/万 m^3		
		$P=50\%$	$P=75\%$	$P=90\%$
内陆河	2011	1314.8	1314.8	1314.8
	2015	467.1	467.1	467.1
	2016	467.1	467.1	467.1
	2020	429.04	467.1	467.1
	2030	233.55	257.77	281.99
黄河	2011	8474	8474	8474
	2015	7719.69	8490.02	9260.35
	2016	7487.1	8230.5	9062.4
	2020	6822.24	7511.92	8182.96
	2030	5876.32	6456.22	7113.44
全县	2011	9788.8	9788.8	9788.8
	2015	8186.79	8957.12	9727.45
	2016	7954.2	8697.6	9529.5
	2020	7251.28	7979.02	8650.06
	2030	6109.87	6713.99	7395.43

表 7.33　　A 县不同水平年林牧灌溉毛需水量表　　单位：万 m^3

流域	2011 年		2015 年		2016 年		2020 年		2030 年	
	林果地	草地	林果地	草地	林果地	草地	林果地	草地	林果地	草地
黄河	569.6	875.76	326.4	1505.2	326.4	1703.44	331.08	2167.39	348.84	2088.78
全县	569.6	875.76	326.4	1505.2	326.4	1703.44	331.08	2167.39	348.84	2088.78

3）农村牲畜需水量。A 县牲畜数量基数较大，但圈养数目相对较小，全县农村牲畜需水量按各水平年牲畜预测头（只）数（表 7.25）的 10%计算，则需水量（万 m^3）={预测头数（万头）×用水定额［L/(头·d)］+预测只数（万只）×用水定额［L/(只·d)］}×10%×365d×$10^{-3}$$m^3$，不同水平年农村牲畜需水量见表 7.34。

表 7.34　　A 县不同水平年农村牲畜需水量表　　单位：万 m^3

流域	2011 年	2015 年	2016 年	2020 年	2030 年
内陆河	173.38	18.17	18.46	21.46	26.76
黄河	226.66	23.88	24.21	27.97	34.92
全县	400.04	42.05	42.67	49.43	61.68

（3）农林牧畜总需水量。农林牧畜总需水量为上述各分项需水量之和，如 2030 年全县农林牧畜总需水量（$P=90\%$）=7395.43+348.84+2088.78+61.68=9894.73（万 m^3）。全县农林牧畜总需水量汇总见表 7.35。

表 7.35 **A 县农林牧畜总需水量汇总表** 单位：万 m^3

流域	水平年	$P=50\%$	$P=75\%$	$P=90\%$
内陆河	2011	1488.18	1488.18	1488.18
	2015	485.27	485.27	485.27
	2016	485.56	485.56	485.56
	2020	450.5	488.56	488.56
	2030	260.31	284.53	308.75
黄河	2011	10146.02	10146.02	10146.02
	2015	9575.17	10345.5	11115.83
	2016	9541.15	10284.55	11116.45
	2020	9348.68	10038.36	10709.4
	2030	8348.86	8928.76	9585.98
全县	2011	11634.2	11634.2	11634.2
	2015	10060.44	10830.77	11601.1
	2016	10026.71	10770.11	11602.01
	2020	9799.18	10526.92	11197.96
	2030	8609.17	9213.29	9894.73

3. 第二产业需水预测

(1) 工业及建筑业需水定额预测。A 县工业涉水部分基数较小，随着节水技术的推广和深入，工业节水力度加大、用水工艺提高，工业用水定额应该逐年递减；在国家大力发展小城镇建设的时代背景下，考虑到房地产业对该地区经济跨越发展的拉动作用，在未来若干年 A 县建筑业用水定额应该有所增大。不同水平年工业及建筑业需水定额预测见表 7.36。

表 7.36 **A 县工业及建筑业需水定额预测表** 单位：m^3/万元

流　域	水平年	工　业	建筑业
内陆河	2011	100	—
	2015	12.7	0.3
	2016	12.5	0.3
	2020	7.1	0.3
	2030	6.3	0.3
黄河	2011	71.5	6.1
	2015	54.4	—
	2016	50.1	6.7
	2020	32.8	7.1
	2030	20	8.2

续表

流　域	水平年	工　业	建筑业
全县	2011	57.1	—
	2015	44.0	5.0
	2016	40.7	5.1
	2020	26.4	5.4
	2030	16.6	6.2

注　表中 2011 年工业需水量中含建筑业需水量。

(2) 工业及建筑业需水量预测。根据需水定额（表 7.36）及发展预测（表 7.26）计算：工业及建筑业需水量（万 m^3）=发展预测（亿元）×定额（m^3/万元）。不同水平年工业及建筑业需水预测见表 7.37。

表 7.37　**A 县工业及建筑业需水预测表**　单位：万 m^3

流　域	水平年	工　业	建筑业	总需水量
内陆河	2011	298	—	298
	2015	62.87	0.447	63.31
	2016	68	0.483	68.48
	2020	64.82	0.699	65.52
	2030	166.64	1.59	168.23
黄河	2011	898.13	—	898.13
	2015	811.65	29.5	841.15
	2016	821.64	32.29	853.93
	2020	902.66	49.56	952.21
	2030	1594.2	130.63	1724.83
全县	2011	1196.08	—	1196.08
	2015	874.51	29.95	904.46
	2016	889.64	32.78	922.42
	2020	967.48	50.26	1017.74
	2030	1760.84	132.22	1893.05

注　表中 2011 年工业需水量中含建筑业需水量。

4. 第三产业需水预测

(1) 第三产业需水定额预测。在现状资料分析的基础上，考虑随着城镇人口的不断增加和社会其他服务业的快速发展，第三产业的节水力度也在不断加大，预测 A 县第三产业需水定额见表 7.38。

(2) 第三产业需水量预测。根据工业及建筑业需水定额及发展预测，计算具体数据见表 7.39。

表 7.38　　A 县第三产业需水定额预测表

水平年	定额/(m^3/万元)	
	黄河流域	全县
2011	6.1	4.9
2015	4.8	3.9
2016	4.5	3.6
2020	3.3	2.6
2030	1.6	1.3

表 7.39　　A 县第三产业需水预测表

水平年	需水/万 m^3	
	黄河流域	全县
2011	—	—
2015	66.77	66.77
2016	54.54	54.54
2020	63.13	63.13
2030	83.84	83.84

5. 河道外生态环境需水

(1) 城镇绿化需水。规划 A 县城镇绿地灌溉采用浇洒等方式，需水也采用定额法计算。绿地灌溉定额参照有蒸腾（蒸发）观测资料地区的试验灌水定额确定（A 县内陆河流域绿地灌溉定额为 0.45m^3/m^2、黄河流域为 0.39m^3/m^2），根据“河道外生态环境指标预测”，计算：城镇绿地需水（万 m^3）=定额（m^3/m^2）×预测面积（万亩）×666.67m^2，A 县城镇绿化需水指标见表 7.40。

表 7.40　　A 县生态环境需水量预测表

流域	水平年	城镇绿地			城镇环境卫生			合计/万 m^3
		用水定额/(m^3/m^2)	预测面积/万亩	需水量/万 m^3	用水定额/(L/m^2)	预测面积/万亩	需水量/万 m^3	
内陆河	2011	0.73	0.003	1.35	730	0	0	1.35
	2015	0.45	0.003	0.9	100	0.03	2	2.9
	2016	0.45	0.003	0.9	100	0.03	2	2.9
	2020	0.45	0.004	1.2	100	0.04	2.67	3.87
	2030	0.45	0.005	1.5	100	0.05	3.33	4.83
黄河	2011	0.73	0.06	27.87	730	0	0	27.87
	2015	0.39	0.124	32.2	100	0.07	4.67	36.87
	2016	0.39	0.14	36.4	100	0.08	5.33	41.73
	2020	0.39	0.2	52	100	0.14	9.33	61.33
	2030	0.39	0.33	85.8	100	0.29	19.33	105.13

续表

流域	水平年	城镇绿地			城镇环境卫生			合计/万 m^3
		用水定额/(m^3/m^2)	预测面积/万亩	需水量/万 m^3	用水定额/(L/m^2)	预测面积/万亩	需水量/万 m^3	
全县	2011	4.47	0.063	29.22	140	0	0	29.22
	2015	0.39	0.127	33.1	100	0.1	6.67	39.77
	2016	0.39	0.143	37.3	100	0.11	7.33	44.63
	2020	0.39	0.204	53.2	100	0.18	12	65.2
	2030	0.39	0.335	87.3	100	0.34	22.66	109.96

（2）城镇环境卫生需水。城镇环境卫生需水主要指清洁马路用水，也按定额法计算。环境卫生面积根据“河道外生态环境指标预测”取值，环境卫生需水定额按 1L/m^2 计算，每天 1 次，每年按 100d 计算，则：城镇环境卫生需水（万 m^3）＝定额（L/m^2）×预测面积（万亩）×100×666.67m^2×$10^{-3}$$m^3$，A 县城镇环境卫生用水指标见表 7.40。

7.3.3　河道外总需水量汇总

在石羊河、黄河分水刚性指标前提下，考虑有效降水对农业灌溉一定程度上的影响，预测 A 县不同保证率需水量，见表 7.41。

表 7.41　　A 县河道外总需水量预测表　　单位：万 m^3

流域	水平年	生活	工业及建筑业	服务业	农林牧畜总需水			生态环境	需水量合计		
					$P=50\%$	$P=75\%$	$P=90\%$		$P=50\%$	$P=75\%$	$P=90\%$
内陆河	2011	334.75	297.95	0	1488.18	1488.18	1488.18	1.35	2122.23	2122.23	2122.23
	2015	223.66	63.31	0	485.27	485.27	485.27	2.9	775.14	775.14	775.14
	2016	244.91	68.48	0	485.56	485.56	485.56	2.9	801.85	801.85	801.85
	2020	285.88	65.52	0	450.5	488.56	488.56	3.87	805.77	843.83	843.83
	2030	372.26	168.23	0	260.31	284.53	308.75	4.83	805.63	829.85	854.07
黄河	2011	604.87	898.13	0	10146.02	10146.02	10146.02	27.87	11676.89	11676.89	11676.89
	2015	387.3	841.15	66.77	9575.17	10345.5	11115.83	36.87	10907.26	11677.59	12447.92
	2016	405.81	853.93	54.54	9541.15	10284.55	11116.45	41.73	10897.16	11640.56	12472.46
	2020	474.02	952.21	63.13	9348.68	10038.36	10709.4	61.33	10899.37	11589.05	12260.09
	2030	618.05	1724.83	83.84	8348.86	8928.76	9585.98	105.13	10880.71	11460.61	12117.83
全县	2011	939.62	1196.08	0	11634.2	11634.2	11634.2	29.22	13799.12	13799.12	13799.12
	2015	610.96	904.46	66.77	10060.44	10830.77	11601.1	39.77	11682.4	12452.73	13223.06
	2016	650.72	922.42	54.54	10026.71	10770.11	11602.01	44.63	11699.02	12442.42	13274.32
	2020	759.9	1017.74	63.13	9799.18	10526.92	11197.96	65.2	11705.15	12432.89	13103.93
	2030	990.31	1893.05	83.84	8609.17	9213.29	9894.73	109.96	11686.33	12290.45	12971.89

7.3.4　节约用水分析

7.3.4.1　节约用水标准指标

节水标准指标是在现状用水调查和各部门、各行业用水定额、用水效率分析的基础

上，根据对当地水资源条件、经济社会发展状况、科学技术水平、水价等因素的综合分析，并参考省内外较先进的用水水平参数确定的各地区分类用水定额、用水效率等指标。

(1) 农业节水标准。根据《甘肃省行业用水定额》，以不同流域内的自然条件和水资源条件为基础，结合多年来的灌溉试验情况分别确定不同流域的农业节水标准指标，详见表7.42。

表7.42　　A县各区农业指标节水标准表

流域	农田灌溉毛定额/(m^3/亩)	林牧渔畜业毛定额/(m^3/亩)	
		林果地灌溉	草地灌溉
内陆河	135	—	—
黄河	304	342	255
全区	290	342	255

(2) 工业节水标准、城镇生活节水标准、第三产业节水标准。工业节水标准依据国家、省制定的相关节水标准与用水指标，结合A县具体情况确定；城镇生活节水标准以本县经济社会发展为基础，参照国内发达城市生活用水指标，结合甘肃省城镇相关节水标准确定；第三产业节水标准参照国内外较先进的用水定额，以全区第三产业的现状用水情况为基础制定，详见表7.43。

表7.43　　A县工业、城镇生活及第三产业节水标准表

流域	工业用水/(m^3/万元)	城镇生活用水/[L/(人·d)]	第三产业/(m^3/万元)
内陆河	6.3	140	—
黄河	20	140	1.6
全区	16.6	140	1.3

7.3.4.2 节约用水潜力

节水潜力是指用各行业现状用水水平参数及其节约用水标准指标计算的需水量差值。A县农业节水潜力是在分析现状农业各类定额以及灌溉水利用系数的基础上，与农业节水标准进行比较得出的节水量，见表7.44。

表7.44　　A县农业节水潜力计算表

流域	条件	农田需水量/万m^3	林牧渔畜业需水量/万m^3		年需水量/万m^3	年节水潜力/万m^3
			林果地	草地		
内陆河	现状	467.1	—	—	467.1	233.55
	节水	233.55	—	—	233.55	
黄河	现状	13473.01	710.94	7827.31	22011.26	12922.45
	节水	5876.32	348.84	2863.65	9088.81	
全区	现状	13940.11	710.94	7827.31	22478.36	13156
	节水	6109.87	348.84	2863.65	9322.36	

工业节水潜力、城镇生活节水潜力、第三产业节水潜力及综合年节水潜力（各类节水潜力代数和）计算见表 7.45。A 县未来节水的重点地区在黄河流域，重点节水行业是农业（占总节水潜力 72.3%）。

表 7.45　　A 县工业、城镇生活、第三产业及综合年节水潜力计算表　　单位：万 m^3

流域	条件	工　业		城镇生活		第三产业		综合年节水潜力	占总节水潜力百分比/%
		需水量	年节水潜力	需水量	年节水潜力	需水量	年节水潜力		
内陆河	现状	370.3	203.665	459.81	182.34	—	—	619.55	3.4
	节水	166.635		277.47		—			
黄河	现状	5898.54	4304.34	526.77	65.85	400.59	295.52	17588.16	96.6
	节水	1594.2		460.92		105.07			
全区	现状	6268.84	4508.005	986.58	248.19	400.59	295.52	18207.71	
	节水	1760.835		738.39		105.07			
占总节水潜力百分比/%		24.8		1.4		1.6			

7.3.4.3　节约用水方案

（1）农牧业节水方案。农业节水方案主要是针对现有灌区进行节水改造，提高水有效利用系数，减少输水损失。规划进行的主要节水改造项目如下。

1）灌区整体改造与综合治理工程。新建引水枢纽 1 座，衬砌干渠 2 条共计 19.38km，支渠 2 条共计 14.72km，修建各类建筑物 222 座。

2）灌区续建配套与节水改造项目。修建渠道总长 26.59km，其中：干渠 3.05km，支渠 2 条长 14.25km，斗渠 7 条长 9.29km，修建各类建筑物 185 座。

3）灌区续建配套与节水改造项目。铺设管道长 14km，改造渠道 15 条长 56km。改善灌溉面积 1.42 万亩。

4）灌区续建配套与节水改造项目。铺设管道长 80km，修建各类建筑物 87 座。

5）高效节水灌溉示范工程。新增节水灌溉面积 170 亩，为 86 座日光温室安装滴灌设施。

6）高效节水灌溉示范工程。新增节水灌溉面积 180 亩，建设 90 座日光温室安装滴灌设施。

7）高效节水灌溉示范工程。新增节水灌溉面积 180 亩，建设 90 座日光温室安装滴灌设施。

8）牧草节水灌溉示范工程。新增节水灌溉面积 1500 亩，修建截引工程 1 座，塘坝 1 座，铺设管道 19km，修建分水、检查井 18 座，为 1500 亩人工饲草地提供水源保障。

9）牧草节水灌溉示范工程。修建水源补水工程 1 处，建设 M10 浆砌石拦水坝 1 座，长 30m，铺设直径 200～250mm 混凝土输水管道 3.01km；发展牧草地喷灌面积 1000 亩，铺设直径 75～160mm UPVC 管 18.89km。修建分水（检查、控制）井 40 座。打柴沟镇下庙儿沟牧区节水灌溉示范项目：建管道 48.6km，修建各类建筑物 99 座［其中蓄水池 1 座，检查（控制）井 98 座］。

10）牧区节水灌溉示范项目。铺设管道46.7km，修建各类建筑物91座［其中蓄水池1座，检查（控制）井90座］。

11）设施农业灌溉工程。新打机井4眼，截引3处，铺设管道48km，修建各类建筑物35座。

12）节水农业示范区规划区高效节水灌溉项目。拟在规划期发展高效节水灌溉面积9.24万亩，其中：管道输水灌溉3.66万亩，喷灌3万亩，微灌2.58万亩。计划修建引水渠首46处，铺设管道794.257km，其中：供水主管145.137km，供水支管154.019km，供水分支管495.101km，修建各类建筑物9128座（检查分水井778座、减压井48座、渗水井597座、出水口7705个）；高效节水灌溉工程96处（低压管灌42处、喷灌21处、微灌33处，为12900座日光温室安装12900套滴灌设备）。项目计划在A县4个灌区的10个乡镇的61个村实施。

13）牧区水利规划项目。规划发展牧草节水灌溉面积22.65万亩，项目实施后，产草量可达11106.5万kg，经济产值达22213万元，可保护天然草地面积172.25万亩。

（2）工业节水方案。工业节水主要是要提高工业企业用水的重复利用量、减少（输水管道等的）水漏失量，提高用水效率。规划2030年，工业用水重复利用率要达到90%以上，工业用水综合漏失率控制在10%以下。

实现上述目标的保障措施，一是调整产品结构，改进生产工艺，建立节水型企业；二是强化节水技术，开发节水设备，降低节水设施投资；三是加强企业用水行政管理，逐步实现节水的法制化；四是提高工业生产规模，发挥规模经济效应；五是提高废污水处理回用率，实现一水多用。

（3）城镇生活、第三产业节水方案。城镇生活、第三产业节水方案主要是控制管网漏失水量、推广使用节水器具和提高人们的节水意识。到2030年，全县管网漏失率要控制在10%以下，节水器具普及率要提高到90%以上。

实现城镇生活、第三产业节水目标的措施主要有：加强节水宣传教育，提高居民节水意识；严格执行《节水型生活用水器具》（CJ/T 164—2014）标准，对所有新建建筑安装国家规定的节水设备和器具，并试点、推广“自来水-中水”双水管线进户模式；加快城市供水管网改造，降低管网漏失率。

7.3.5　水资源保护

7.3.5.1　水功能区划及保护目标

（1）水功能区划。A县共划分一级功能区7个，其中：保护区3个，河长82.0km，占总河长的19.3%；开发利用区4个，河长342.8km，占总河长的80.7%。

在一级区划的基础上，共划分出水功能二级区4个，总河长308.0km。

（2）保护目标。在水功能二级区中，除X用水区水质目标要求达到Ⅱ类，其余用水区水质目标要求达到Ⅲ类。A县地处天然河流上游，人类活动对上游水源影响较小，地表、地下水水质良好，2011年各流域水环境质量达到水质Ⅱ类标准。因此，规划区各规划水平年水环境保护的主要目标是做到城镇生活污水、工业废污水达标排放。

7.3.5.2　纳污能力计算

水功能区纳污能力，指对确定的水功能区，在满足水域功能要求的前提下，按给定的水功能区水质目标值、设计水量、排污口位置及排污方式，计算功能区水体所能容纳的最大污染物量。计算因子选择COD和氨氮。

水功能区纳污能力按现状水量和规划条件水量分别计算，即规划区2011年以前用现状水量计算纳污能力，称现状纳污能力；2011年以后，用水资源配置后的规划条件计算，为规划纳污能力。每个水功能区根据现状和规划条件下水量确定两个纳污能力，若水量条件没有变化，两个纳污能力相同。

（1）纳污能力计算方法。理论上，保护区应将现状污染物入河量作为功能区的纳污能力。开发利用区的纳污能力应根据各自的设计条件和水质目标，利用相应的水质数学模型进行计算。

规划区3个保护区位于高海拔的高寒地带，人迹罕至，入河污染物排放少，本规划不计算其纳污能力；开发利用区中除X用水区外，其余3个区部分位于各功能区上游，几乎无污染源，本规划不计算其纳污能力。只计算X用水区中规划区内部的纳污能力。

（2）纳污能力设计条件。根据《制定地方水污染物排放标准的技术原则和方法》（GB 3839—83）和《全国水资源保护规划技术大纲》有关规定，突出生活饮用水源地保护，并考虑各河段自然环境、水资源开发利用程度、环境需水量、河段功能和保护要求等因素，确定流域纳污能力计算单元设计流量取值的主要原则：一般计算单元的设计流量采用75%保证率最枯月平均流量，具有饮用水功能的计算单元，为了保证饮用水安全，其设计流量采用95%保证率最枯月平均流量。

（3）纳污能力计算成果。全县2011年废污水排放总量80万m^3（入河量），现状年COD入河量126t，氨氮入河量15t。河流现状年COD纳污能力为1244t，氨氮纳污能力为41t；2015年COD纳污能力为1071t，氨氮纳污能力为38t；2016年COD纳污能力为1307t，氨氮纳污能力为44t；2020年COD纳污能力为1292t，氨氮纳污能力为43t；2030年COD纳污能力为1323t，氨氮纳污能力为44t。

7.3.5.3 污染物排放量预测

1. 污染物排放量预测

结合本区域污染源的现状排放量调查成果，综合考虑规划水平年流域经济社会发展、城镇人口增长、工业增长等因素，以规划年工业和生活用水预测成果为基础，预测规划水平年污染物排放量。

（1）参数设定。污染物排放浓度：A县工业污水排放执行《污水综合排放标准》一级标准，即COD100mg/L，氨氮15mg/L。生活污染物排放浓度2015年、2016年取COD为300mg/L，氨氮为30mg/L（生活污水未经处理，直接排放），2020—2030年执行《城镇污水处理厂污染物排放标准》一级B标准，即COD60mg/L，氨氮8mg/L。不同水平年采用的排水系数见表7.46。

城市污水处理率：国家《城市污水处理及污染防治技术政策》规定："2010年全国设市城市和建制镇的污水平均处理率不低于50%，设市城市的污水处理率不低于60%，重点城市的污水处理率不低于70%"。考虑到A县实际情况，2015年、2016年污水处理率按0计算，城市污水处理厂建成后，2020年城市污水处理率可达到80%，2030年达到90%。城市污水处理厂不可避免地会混入部分工业废水，污水处理厂对工业废水的收水率

2020 年、2030 年全部按 30%计算。

表 7.46　　A 县不同水平年排水系数表

水平年	城镇生活排水系数	工业排水系数
2011	0.81	0.62
2015	0.77	0.56
2016	0.76	0.55
2020	0.70	0.50
2030	0.67	0.47

中水回用量估算：国家有关政策要求，北方地区缺水城市再生水利用率在 2010 年要达到污水处理量的 20%左右。考虑到当地城市污水处理能力严重不足的现状，A 县中水回用率 2020 年按 30%、2030 年按 40%计算。

（2）污染物排放量。根据排污系数法计算的 A 县污染物排放量预测详见表 7.47。

表 7.47　　A 县污染物排放量预测表

水平年	废污水/(万 m^3/a)			COD/(t/a)			氨氮/(t/a)		
	生活	工业	合计	生活	工业	合计	生活	工业	合计
2011	23	57	80	69	57	126	7	9	16
2015	220	490	710	660	490	1149	66	73	139
2016	241	489	730	723	489	1212	72	73	146
2020	171	339	509	139	339	478	19	51	69
2030	312	579	891	217	579	796	29	87	116

2. 污染物入河量预测

参考现状年污染物入河系数，考虑城市发展实际情况以及各种因素的影响，综合确定规划水平年污染物入河系数，本规划污染物入河系数取 0.7。根据污染物排放量预测成果和确定的入河系数，计算废污水入河量、主要污染物 COD 及氨氮入河量（入河量＝排放量×入河系数），预测成果详见表 7.48。

表 7.48　　A 县废污水入河量预测成果表

水平年	废污水/(万 m^3/a)	COD/(t/a)	氨氮/(t/a)
2011	56	88	11
2015	497	805	98
2016	511	848	102
2020	356	334	49
2030	624	557	81

3. 污染物入河控制量和削减量

入河量小于纳污能力时，入河控制量＝入河量；入河量大于纳污能力时，入河控制量＝纳污能力。入河消减量＝入河量－入河控制量。各规划水平年 COD 和氨氮入河控制量和消减量见表 7.49。

表 7.49　A 县 COD、氨氮入河控制量及削减量统计表

水平年	COD/(t/a)				消减率/%	氨氮/(t/a)				削减率/%
	入河量	纳污能力	入河控制量	入河削减量		入河量	纳污能力	入河控制量	入河削减量	
2011	88	1244	88	0	0	11	41	11	0	0
2015	805	1071	805	0	0	98	38	38	60	61
2016	848	1307	848	0	0	102	44	44	58	57
2020	334	1292	334	0	0	49	43	43	6	12
2030	557	1323	557	0	0	81	44	44	37	46

7.3.5.4　地表水质保护措施

（1）加大工业污染控制力度。工业污染控制的内容主要是工业废水源内处理。应根据水功能区排污总量控制的要求和工业污染源承担的污染物削减责任，采取综合治理措施，调整产业结构和工业布局，进行技术改造，推行清洁生产，厉行节水减污，坚决淘汰落后的生产工艺，关停高耗水、重污染企业，使污染物排放总量逐步削减达到规划控制量的要求。

（2）加快城市污水处理设施建设，提高中水回用率。城市污水处理设施建设的主要内容有城市集中污水处理厂建设、配套管网建设以及排污口改造。规划在 2020 年前建成规划区城市污水处理设施及中水回用配套设施，并确保投入正常运营。

7.3.5.5　地下水质保护

（1）适当分散开采地段。城市供水及厂矿企业可适当利用部分远郊水源地供水，防止局部地段过量开采所造成地下水位下降。

（2）改变生产企业用水的方式和方法，要求实行地下水循环利用和重复利用的节水型利用模式，严禁企业私打自备水井。

（3）通过项目审批、财政支持、税收优惠和信贷供应等政策杠杆，鼓励低消耗、轻污染、科技含量高又符合国家产业政策行业的发展，控制高消耗、高污染、低水平重复建设严重的行业，通过实行环境影响评估制度、污染物排放许可证制度以及水资源消耗评价制度等，对企业准入和新建工程进行全面评价，加速淘汰落后生产工艺和设备，促进产业结构优化升级。

（4）停止建设和扩建污染严重的新工业项目；已建成的大、中型工矿企业的污染水处理厂要保证常年运行，使废污水达标排放；关闭或取缔无能力进行污水处理的企业。

（5）建立完善的地下水水质监测网，对全县浅层地下水和供水水源地实行动态监测。

7.3.6　供水预测

7.3.6.1　现状年水利工程可供水量

在现状不同水源工程供水能力调查的基础上，分析现有供水基础设施的工程布局、供水能力、运行状况，按照水资源计算分区的供需节点和水资源条件，对大中型蓄水工程 50%、75%、90%保证率下的供水量采用水文典型年调节计算；对小型蓄、引水工程不同来水保证率的可供水量按典型调查分析确定；提水工程因供水保证率一般都按95%设计，可视供水能力为可供水量；集雨工程可供水量根据丰、平、枯年份的降水量情况进行典型调查确定；地下水工程视供水能力为可供水量。

根据石羊河流域水权配置方案，A县地表水资源允许利用量为805.1万m^3，不允许开采使用地下水资源。规划区2011年可供水量预测见表7.50。

表7.50　　A县现状年水利工程可供水量预测表

流域	保证率	可供水量/万m^3			
		地表水	地下水	其他	合计
内陆河	50%	805.1	0	0	805.1
	75%	805.1	0	0	805.1
	90%	805.1	0	0	805.1
黄河	50%	9775.5	1104.5	15	10895
	75%	8700.2	1104.5	13.3	9818
	90%	7820.4	1104.5	12	8936.9
全区	50%	10580.6	1104.5	15	11700.1
	75%	9505.3	1104.5	13.3	10623.1
	90%	8625.5	1104.5	12	9742

7.3.6.2 供水工程规划

为了有效应对未来人口增长、工业规模增大等因素造成的局部地区供水需求增大的问题，在有水资源开发条件的地区，规划新增一批供水工程，以提高相关区域的水资源调节水平和调配能力。

(1) 地表水供水工程。

1) A县石门河调蓄引水工程。拟建石门沟水库，位于金强河右岸支流石门河流域内，坝址以上控制流域面积310km^2，总库容538万m^3，年总供水量为1420万m^3。工程主要满足周边工业园区的用水要求。

2) A县南阳山片下山入川生态移民小康供水工程。项目区位于金强河流域东南部，有14个行政村。工程由四级提水泵站、引水管线和灌区供水工程三部分组成，上水管线长20km，灌区供水管网220km。该工程主要解决项目区人畜（4.8万人，其中移民3万人）、10万亩设施农业、6万亩饲草地及工业园区的用水问题。工程规划2020年引水3080万m^3，2030年引水3900万m^3。

3) 阳山水库工程。拟在金强河上游（距规划区城中心45km）修建水库1座，最大坝高35m，坝型采用沥青混凝土心墙砂砾石坝，水库总库容为2177万m^3，其中：兴利库容1700万m^3，调洪库容477万m^3。设计发展生态牧草灌溉面积6.5万亩，改善灌溉面积4.5482万亩。该工程是以发展灌溉为主，兼顾防洪、供水的综合利用水库，通过对金强河干流天然来水进行调蓄利用，在满足干流国民经济各部门用水外，向松山滩调水2411万m^3，满足天然草场灌溉及工业园区供水。

4) 石板沟水库工程。规划在打柴沟镇石板沟修建水库1座，主要工程由大坝、输水洞、溢洪道和机械防渗墙组成，坝顶高程 2852m，坝高 26m，总库容 188.2 万 m^3，兴利库容 110.8 万 m^3。工程建成后可改善灌溉面积 0.16 万亩，新增灌溉面积 0.56 万亩。

（2）地下水供水工程。

1）规划区城区供水改扩建工程：拟以玉通碳化硅厂南侧—上河滩北侧之间的石门河、庄浪河河谷西岸为水源地取水，2015 年新建 6 眼井（1 眼备用），2020 年增建 6 眼井（10 眼使用 2 眼备用）。规划 2015 年供水 547.5 万 m^3，2020 年供水 1095 万 m^3。

2）小城镇供水工程：规划在天堂、炭山岭、赛什斯、华藏寺、打柴沟、石门、松山镇等 9 个乡镇新打水源井 18 眼，铺设管道 27km，为小城镇人口提供生产、生活用水，2020 年供水能力可达到 636 万 m^3。

（3）污水处理再利用工程。规划在 2020 年前建成污水处理及中水回用设施，2020 年城市污水处理率达到 80%，2030 年达到 90%，中水回用率 2020 年按 30%、2030 年按 40%计算。根据排污量、处理率及中水回用率等参数可计算各规划水平年再生水可利用量：2020 年为 138 万 m^3，2030 年为 300 万 m^3。

7.3.6.3　供水量预测

在现状年水利工程可供水量的基础上，考虑当地水资源可利用开发的限制条件，分析各规划年在建及规划的蓄（引、提）水工程、地下水工程、跨流域调水工程及其他水源工程（集雨、污水再利用）所能增加的供水能力，计算不同水平年不同来水保证率下的供水量（供水量的计算中还要减去因原有水利工程老化失修而丧失的供水能力）。A 县各水平年供水量预测见表 7.51～表 7.54。

表 7.51　　A 县 2015 年供水预测成果表

流域	保证率	供　水　量/万 m^3				
		地表水	地下水	再生水	雨水	合计
内陆河	50%	805.1	0	0	0	805.1
	75%	805.1	0	0	0	805.1
	90%	805.1	0	0	0	805.1
黄河	50%	15402.2	1652	0	15	17069.2
	75%	13708	1652	0	13.3	15373.3
	90%	12321.8	1652	0	12	13985.8
全县	50%	16207.3	1652	0	15	17874.3
	75%	14513.1	1652	0	13.3	16178.4
	90%	13126.9	1652	0	12	14790.9

表 7.52　　A 县 2016 年供水预测成果表

流域	保证率	供　水　量/万 m^3				
		地表水	地下水	再生水	雨水	合计
内陆河	50%	805.1	0	0	0	805.1
	75%	805.1	0	0	0	805.1
	90%	805.1	0	0	0	805.1

续表

流域	保证率	供 水 量/万 m^3				
		地表水	地下水	再生水	雨水	合计
黄河	50%	16822.3	1652	0	15	18489.33
	75%	14971.8	1652	0	13.3	16637.1
	90%	13457.8	1652	0	12	15121.8
全县	50%	17627.4	1652	0	15	19294.4
	75%	15776.9	1652	0	13.3	17442.2
	90%	14262.9	1652	0	12	15926.9

表 7.53　　A 县 2020 年供水预测成果表

流域	保证率	供 水 量/万 m^3				
		地表水	地下水	再生水	雨水	合计
内陆河	50%	805.1	0	0	0	805.1
	75%	805.1	0	0	0	805.1
	90%	805.1	0	0	0	805.1
黄河	50%	19902.3	3383	138	15	23438.3
	75%	17713	3383	138	13.3	21247.3
	90%	15921.8	3383	138	12	19454.8
全县	50%	20707.4	3383	138	15	24243.4
	75%	18518.1	3383	138	13.3	22052.4
	90%	16726.9	3383	138	12	20259.9

表 7.54　　A 县 2030 年供水预测成果表

流域	保证率	供 水 量/万 m^3				
		地表水	地下水	再生水	雨水	合计
内陆河	50%	805.1	0	0	0	805.1
	75%	805.1	0	0	0	805.1
	90%	805.1	0	0	0	805.1
黄河	50%	23802.3	3383	300	15	27500.33
	75%	21184	3383	300	13.3	24880.3
	90%	19041.8	3383	300	12	22736.8
全县	50%	24607.4	3383	300	15	28305.4
	75%	21989.1	3383	300	13.3	25685.4
	90%	19846.9	3383	300	12	23541.9

7.3.6.4 水资源供需分析

分析比较各水平年全区需水量和供水能力大小，均为供大于求，详见表 7.55。

表 7.55　　A 县各水平年各保证率条件下年供、需水量对比表　　单位：万 m^3

保证率	2015 年		2016 年		2020 年		2030 年	
	需水量	供水量	需水量	供水量	需水量	供水量	需水量	供水量
50%	11674.46	17874.3	11701.18	19294.43	11701.95	24243.43	11693.73	28305.43
75%	12452.73	16178.4	12442.42	17442.2	12432.89	22052.4	12290.45	25685.4
90%	13223.06	14790.9	13274.32	15926.9	13103.93	20259.9	12971.89	23541.9

7.3.7　水资源配置

7.3.7.1　总体思路

水资源配置是依据 A 县水资源时空分布情况和经济社会可持续发展的需要，通过工程与非工程措施，调节水资源的天然时空分布；开源与节流、开发利用与保护治理并重，兼顾当前利益与长远利益，处理好经济发展、生态保护、水资源开发的相互关系；在不同水工程开发和区域经济发展模式下，统一调配地表水、地下水、污水处理回用水等多种水源，确定各水工程的供水范围、供水对象、可供水量，进行多次供需反馈平衡分析，实现水资源在区域之间、用水部门之间的合理配置，提出推荐方案；注重兴利与除弊的结合，协调好各用水部门间的利益矛盾，尽可能地提高水资源的承载能力和区域整体的用水效率，促进水资源的可持续利用和区域的可持续发展。

7.3.7.2　水资源配置原则

（1）水资源配置必须与经济社会可持续发展、人民生活水平不断提高紧密结合，充分体现与经济社会发展的相容性、科学性和前瞻性。

（2）水资源配置必须坚持全面规划、统筹兼顾、标本兼治、综合治理原则。

（3）水资源配置必须坚持开源节流并重，水利建设与经济结构调整相结合，走内涵式发展、节水型社会之路。

（4）水资源合理配置与科技、政策、法律、投入支撑相协调原则。

（5）公益性水利工程应按市场经济规律进行方案优选、经济分析，强调投资效益。

7.3.7.3　水资源配置

根据 A 县经济社会发展规模与格局以及水资源供求态势，按照用水总量控制要求，制定农业、工业和生活等用水配置方案。各行业水量配置详见表 7.56。

表 7.56　　A 县各行业水量配置表　　单位：万 m^3

流域	水平年	保证率	总需水量	供水量					用水量								
				供水总量	本地地表水	地下水	其他		用水总量	生活		工业及建筑业		农业		生态环境	服务业
							再生水	雨水利用		小计	其中：城镇	小计	其中：工业	小计	其中：粮田		
内陆河	2011	50%	1945	805	805				805	289	33	41	41	466	466	9	0
		75%	1945	805	805				805	289	33	41	41	466	466	9	0
		90%	1945	805	805				805	289	33	41	41	466	466	9	0
	2015	50%	775	775	775				775	224	96	63	63	485	467	3	0
		75%	775	775	775				775	224	96	63	63	485	467	3	0

续表

流域	水平年	保证率	总需水量	供水量					用水量								
				供水总量	本地地表水	地下水	其他		用水总量	生活		工业及建筑业		农业		生态环境	服务业
							再生水	雨水利用		小计	其中：城镇	小计	其中：工业	小计	其中：粮田		
内陆河	2015	90%	775	775	775				775	224	96	63	63	485	467	3	0
	2016	50%	802	802	802				802	245	119	68	68	486	467	3	0
		75%	802	802	802				802	245	119	68	68	486	467	3	0
		90%	802	802	802				802	245	119	68	68	486	467	3	0
	2020	50%	806	806	806				806	286	164	66	65	451	429	4	0
		75%	844	844	844				844	286	164	66	65	489	467	4	0
		90%	844	844	844				844	286	164	66	65	489	467	4	0
	2030	50%	806	806	806				806	372	277	168	167	260	234	5	0
		75%	830	830	830				830	372	277	168	167	285	258	5	0
		90%	854	854	854				854	372	277	168	167	309	282	5	0
黄河	2011	50%	11446	10895	9871	1009		15	10895	867	236	661	642	9181	8470	186	0
		75%	11446	10895	9871	1009		15	10895	867	236	661	642	9181	8470	186	0
		90%	11446	10895	9871	1009		15	10895	867	236	661	642	9181	8470	186	0
	2015	50%	10899	10899	9232	1652	0	15	10899	387	190	841	812	9567	7712	37	67
		75%	11678	11678	10012	1652	0	13	11678	387	190	841	812	10346	8490	37	67
		90%	12448	12448	10784	1652	0	12	12448	387	190	841	812	11116	9260	37	67
	2016	50%	10899	10899	9232	1652	0	15	10899	406	198	854	822	9543	7489	42	55
		75%	11641	11641	9975	1652	0	13	11641	406	198	854	822	10285	8231	42	55
		90%	12472	12472	10808	1652	0	12	12472	406	198	854	822	11116	9062	42	55
	2020	50%	10896	10896	7360	3383	138	15	10896	474	271	952	903	9345	6819	61	63
		75%	11589	11589	8055	3383	138	13	11589	474	271	952	903	10038	7512	61	63
		90%	12260	12260	8727	3383	138	12	12260	474	271	952	903	10709	8183	61	63
	2030	50%	10888	10888	7190	3383	300	15	10888	618	461	1725	1594	8356	5884	105	84
		75%	11461	11461	7764	3383	300	13	11461	618	461	1725	1594	8929	6456	105	84
		90%	12118	12118	8423	3383	300	12	12118	618	461	1725	1594	9586	7113	105	84
全县	2011	50%	13391	11700	10676	1009	0	15	11700	1156	269	702	683	9647	8936	195	0
		75%	13391	11700	10676	1009	0	15	11700	1156	269	702	683	9647	8936	195	0
		90%	13391	11700	10676	1009	0	15	11700	1156	269	702	683	9647	8936	195	0
	2015	50%	11674	11674	10007	1652	0	15	11674	611	286	904	875	10053	8179	40	67
		75%	12453	12453	10787	1652	0	13	12453	611	286	904	875	10831	8957	40	67
		90%	13223	13223	11559	1652	0	12	13223	611	286	904	875	11601	9727	40	67
	2016	50%	11701	11701	10034	1652	0	15	11701	651	317	922	890	10029	7956	45	55
		75%	12442	12442	10777	1652	0	13	12442	651	317	922	890	10770	8698	45	55

续表

流域	水平年	保证率	总需水量	供水量					用水量								
				供水总量	本地地表水	地下水	其他		用水总量	生活		工业及建筑业		农业		生态环境	服务业
							再生水	雨水利用		小计	其中：城镇	小计	其中：工业	小计	其中：粮田		
全县	2016	90%	13274	13274	11610	1652	0	12	13274	651	317	922	890	11602	9530	45	55
	2020	50%	11702	11702	8166	3383	138	15	11702	760	435	1018	967	9796	7248	65	63
		75%	12433	12433	8899	3383	138	13	12433	760	435	1018	967	10527	7979	65	63
		90%	13104	13104	9571	3383	138	12	13104	760	435	1018	967	11198	8650	65	63
	2030	50%	11694	11694	7996	3383	300	15	11694	990	738	1893	1761	8617	6117	110	84
		75%	12290	12290	8594	3383	300	13	12290	990	738	1893	1761	9213	6714	110	84
		90%	12972	12972	9277	3383	300	12	12972	990	738	1893	1761	9895	7395	110	84

7.3.7.4　灌区水资源配置

A 县各灌区各行业水量配置详见表 7.57。

表 7.57　A 县各灌区各行业水量配置表

单位：万 m^3

灌区	水平年	保证率	总需水量	供水量					用水量								
				供水总量	本地地表水	地下水	其他		用水总量	生活		工业及建筑业		农业		生态环境	服务业
							再生水	雨水利用		小计	其中：城镇	小计	其中：工业	小计	其中：粮田		
灌区一	2011	50%	1945	805	805				805	289	33	41	41	466	466	9	0
		75%	1945	805	805				805	289	33	41	41	466	466	9	0
		90%	1945	805	805				805	289	33	41	41	466	466	9	0
	2015	50%	775	775	775				775	224	96	63	63	485	467	3	0
		75%	775	775	775				775	224	96	63	63	485	467	3	0
		90%	775	775	775				775	224	96	63	63	485	467	3	0
	2016	50%	802	802	802				802	245	119	68	68	486	467	3	0
		75%	802	802	802				802	245	119	68	68	486	467	3	0
		90%	802	802	802				802	245	119	68	68	486	467	3	0
	2020	50%	807	807	807				807	286	164	66	65	451	429	4	0
		75%	845	845	845				845	286	164	66	65	489	467	4	0
		90%	845	845	845				845	286	164	66	65	489	467	4	0
	2030	50%	805	805	805				805	372	277	168	167	260	234	5	0
		75%	830	830	830				830	372	277	168	167	285	258	5	0
		90%	854	854	854				854	372	277	168	167	309	282	5	0
灌区二	2011	50%	2132	2029	2029				2029	77	9	53	51	1899	1752	0	0
		75%	2132	2029	2029				2029	77	9	53	51	1899	1752	0	0
		90%	2132	2029	2029				2029	77	9	53	51	1899	1752	0	0

续表

灌区	水平年	保证率	总需水量	供水量					用水量								
				供水总量	本地地表水	地下水	其他		用水总量	生活		工业及建筑业		农业		生态环境	服务业
							再生水	雨水利用		小计	其中：城镇	小计	其中：工业	小计	其中：粮田		
灌区二	2015	50%	4844	4844	4844				4844	48	9	56	54	4740	4627	0	0
		75%	5311	5311	5311				5311	48	9	56	54	5207	5094	0	0
		90%	5773	5773	5773				5773	48	9	56	54	5669	5556	0	0
	2016	50%	5788	5788	5788				5788	51	8	57	55	5680	5242	0	0
		75%	6307	6307	6307				6307	51	8	57	55	6199	5761	0	0
		90%	6890	6890	6890				6890	51	8	57	55	6782	6344	0	0
	2020	50%	5665	5665	5366	299			5665	59	20	64	61	5542	4773	0	0
		75%	6150	6150	5851	299			6150	59	20	64	61	6027	5258	0	0
		90%	6620	6620	6321	299			6620	59	20	64	61	6497	5728	0	0
	2030	50%	5041	5041	4742	299			5041	77	53	115	111	4849	4119	0	0
		75%	5442	5442	5143	299			5442	77	53	115	111	5250	4519	0	0
		90%	5902	5902	5603	299			5902	77	53	115	111	5710	4979	0	0
灌区三	2011	50%	3546	3375	3375				3375	195	52	312	300	2868	2646	0	0
		75%	3546	3375	3375				3375	195	52	312	300	2868	2646	0	0
		90%	3546	3375	3375				3375	195	52	312	300	2868	2646	0	0
	2015	50%	2847	2847	2847				2847	123	18	332	320	2392	954	0	0
		75%	3041	3041	3041				3041	123	18	332	320	2586	1032	0	0
		90%	3234	3234	3234				3234	123	18	332	320	2779	1108	0	0
	2016	50%	2375	2375	2375				2375	129	19	337	325	1909	892	0	0
		75%	2523	2523	2523				2523	129	19	337	325	2057	961	0	0
		90%	2689	2689	2689				2689	129	19	337	325	2223	1039	0	0
	2020	50%	2395	2395	1528	867			2395	150	53	376	363	1869	862	0	0
		75%	2534	2534	1667	867			2534	150	53	376	363	2008	926	0	0
		90%	2668	2668	1801	867			2668	150	53	376	363	2142	988	0	0
	2030	50%	2548	2548	1681	867			2548	196	98	681	657	1671	778	0	0
		75%	2663	2663	1796	867			2663	196	98	681	657	1786	832	0	0
		90%	2794	2794	1927	867			2794	196	98	681	657	1917	893	0	0
灌区四	2011	50%	5768	5491	4467	1009		15	5491	343	207	426	417	4448	4104	223	51
		75%	5768	5491	4467	1009		15	5491	343	207	426	417	4448	4104	223	51
		90%	5768	5491	4467	1009		15	5491	343	207	426	417	4448	4104	223	51
	2015	50%	3208	3208	1541	1652		15	3208	216	162	453	437	2435	2131	37	67
		75%	3325	3325	1660	1652		13	3325	216	162	453	437	2552	2364	37	67
		90%	3440	3440	1776	1652		12	3440	216	162	453	437	2667	2596	37	67

续表

灌区	水平年	保证率	总需水量	供水量					用水量								
				供水总量	本地地表水	地下水	其他		用水总量	生活		工业及建筑业		农业		生态环境	服务业
							再生水	雨水利用		小计	其中：城镇	小计	其中：工业	小计	其中：粮田		
灌区四	2016	50%	2737	2737	1070	1652		15	2737	226	170	460	441	1954	1355	42	55
		75%	2811	2811	1146	1652		13	2811	226	170	460	441	2028	1508	42	55
		90%	2895	2895	1231	1652		12	2895	226	170	460	441	2112	1680	42	55
	2020	50%	2836	2836	466	2217	138	15	2836	264	198	513	479	1935	1184	61	63
		75%	2905	2905	537	2217	138	13	2905	264	198	513	479	2004	1328	61	63
		90%	2972	2972	605	2217	138	12	2972	264	198	513	479	2071	1467	61	63
	2030	50%	3299	3299	767	2217	300	15	3299	345	310	929	826	1836	987	105	84
		75%	3356	3356	826	2217	300	13	3356	345	310	929	826	1893	1105	105	84
		90%	3422	3422	893	2217	300	12	3422	345	310	929	826	1959	1241	105	84

7.3.7.5　灌区灌溉制度及作物种植比例规划

（1）灌区一。2015 年灌区一农作物种植面积 1.73 万亩，粮食作物渠灌、管灌、喷灌及蔬菜微灌面积比例为 46.14：39.36：12.17：2.32，毛灌溉用水量为 485 万 m^3，详见表 7.58。各灌区各水平年均可做出具体规划。

表 7.58　　灌区一 2015 年用水规划

序号	灌水方法	作物名称	灌溉面积/亩	种植比例/%	灌水次数	灌水时间（月.日）	灌水天数/d	灌水定额/（m^3/亩）
1	渠灌	粮食作物	7960	46.15	1	冬春灌	40	72
					2	5.25—6.25	30	110
					3	6.15—7.15	30	114
2	管灌	粮食作物	6790	39.36	1	冬春灌	35	60
					2	5.25—6.24	30	75
					3	6.14—7.14	30	78
					4	7.10—8.9	30	65
3	喷灌	粮食作物	2100	12.17	1	冬春灌	30	80
					2	5.10—6.20	40	55
					3	6.10—7.30	40	55
					4	8.1—9.10	40	55
4	微灌	温室蔬菜	400	2.32	播前	2.5—2.25	20	35
					11	3.1—6.1	90	82
					播前	7.1—7.20	20	42
					11	8.1—11.1	90	82
合　计			17250	毛灌溉用水量/万 m^3			485	

7.3.8 总体布局与实施方案

7.3.8.1 总体布局

水资源开发利用的总体布局坚持“全面规划、统筹兼顾、标本兼治”的原则，坚持开源节流、治污并重，工程措施和非工程措施相结合。对供水、用水、节水、治水、水资源保护等方面进行统筹安排，实现对地表水、地下水及其他水源的统一、合理调配，协调好开发与保护、近期与远期等关系。

7.3.8.2 实施方案

（1）实施重点区域水源工程。

1）实施石门河调蓄引水工程、金强河引水工程、干旱草场节水灌溉工程、县城供水工程、县城供水改（扩）建工程、小城镇供水工程、南阳山片下山入川生态移民小康供水工程等，缓解工程性缺水问题，提高区域水资源调蓄能力和优化配置能力。

2）建设水功能区水质监测站，完善城市水源地、重点水功能区保护体系，加强饮水安全水质监测能力建设。

（2）节水方案。

1）农业节水：加快田间末级渠系配套，完善田间量水设施，改进田间灌水技术；全面推行“设施农牧业＋特色林果业”的主体生产模式，实现传统农业向现代农业的跨越，加快农业内部结构调整力度，建设灌区节水高效农业、山区旱作农业现代农业区；将节水增效灌水技术、灌水方式、灌溉制度与高产高效种植结构等农业措施结合起来，加强先进水利技术的引进、转化和推广，将工程节水、管理节水集成配套，实现由单一节水向综合节水转变。

2）工业节水：推进产业结构优化升级，强力推进循环经济，鼓励工业企业推进设备更新和技术改造，加快淘汰高耗能、高耗水、高耗材的工艺、设备和产品，推行工业废水的净化循环利用和中水回用，降低工业万元增加值用水量，提高水的重复利用率。

3）生活节水：实行计划用水和定额管理，加强节水宣传与教育，调整水价，合理用水，对供水管网改造降低漏损率，推广普及节水器具。

（3）非工程措施。

1）强化法制、改革体制、完善制度、建立机制，加强对各种水事行为的规范与调节，完善水法规体系及相关制度规范水事行为，发挥市场对水资源调配的作用，利用经济手段调节水事行为。

2）加强宣传和引导，提高全民节水意识，制定合理抑制水资源需求的机制与制度，加强对水资源的管理，实行用水总量控制和定额管理，建立合理的水价形成机制，提高分户装表率，计量收费，逐步采用累计加价收费方式。

3）建立健全县、乡、村三级节水管理组织和节水技术推广服务体系，抓好用水管理，实行计划用水、限额供水、按方收费、超额加价等措施，加强节水工程的维护管理。

4）加强对生态环境的保护措施与制度建设，建立与实施污染物入河总量控制制度，建立地下水资源管理制度，建立生态环境用水保障机制。

5）制定建立水资源实时调度系统方案，建立和完善水资源管理信息与决策支持系统，实行地表水与地下水联合运用，科学调度。

6）加强水资源监测系统建设，制定实行水资源数量与质量、供水与用水、排污与环境相结合的统一监测网络体系；建立和完善供、用、排水计量设施，建立现代化水资源监测系统。

7）逐步建立多元化、多渠道的投融资体系，对贫困地区开发利用和保护水资源行动实施有效政策。

7.3.8.3 投资估算

本规划统筹考虑了A县水资源的开发、利用、治理、配置以及节约和保护问题，规划的投资主要由节水、水资源保护、水资源开发利用（供水工程）三大部分组成，规划总投资36.0亿元，其中节水工程投资11.1889亿元，水资源保护工程投资7.68亿元，水资源开发利用（供水工程）投资17.1311亿元，具体投资估算表略。

7.3.9 水资源管理制度建设

7.3.9.1 建立和完善最严格的水资源管理制度

（1）落实用水总量控制制度。

（2）建立和完善用水效率控制制度。

（3）建立和完善水功能区限制纳污制度。

7.3.9.2 建立健全供水安全保障机制体制

（1）完善水资源管理体制，强化城乡水资源统一管理、促进水资源优化配置、完善流域管理与行政区域管理相结合。

（2）充分发挥市场在水资源配置中的基础性作用，制定保障供水安全的合理水价形成机制和措施，制定区域水生态补偿机制。

（3）完善供水应急管理措施，包括应急机构制度、应急预案制度、应急预警与紧急状态宣告制度、援助救助制度等。

7.3.9.3 加强供水安全保障能力建设

（1）完善计量监测系统建设。以水文水资源监测系统为基础，制定水量实时调度、实时监测和远程控制的水资源监测制度体系。

（2）加强供水安全科技支撑。加强供水安全基础研究、技术研发、自主技术创新。

（3）加强人才能力建设及领导责任制和考核制建设。

7.3.10 实施效果与环境影响评价

7.3.10.1 规划实施效果评价

本规划以水资源可支撑经济社会可持续发展为主线，大力推进节水型社会建设，着力提高水资源利用效率和效益，提高水资源承载能力，通过合理抑制需求、有效增加供水、积极保护生态环境等手段和措施，可基本保障未来天祝县社会经济快速发展对水资源的需求，规划方案实施后，可以缓解水供求矛盾，维护河流健康，具有巨大的社会、经济和生态效益。

（1）提高了水资源利用效率。规划内陆河流域灌溉水利用系数由现状基准年的0.52提高到2030年的0.60，提高8个百分点，黄河流域灌溉水利用系数由现状基准年0.42提高到2030年的0.60，提高18个百分点，全县灌溉水利用系数由现状基准年的0.43提高到2030年的0.60，提高17个百分点；到2030年，全县工业用水重复利用率要达到

90%以上，工业用水综合漏失率控制在10%以下，工业用水定额下降至16.6m^3/万元；全县管网漏失率要控制在10%以下（现状年为13%），节水器具普及率要提高到90%以上；城市污水处理率达到90%，中水回用率达到40%。

（2）节约了水资源，缓解了水资源紧缺状况，保障了城乡用水安全。本规划预测到2030年全区可节约灌溉用水量324.64万m^3。由于供水管网漏损率降低，2015年、2016年、2020年、2030年可为全县节约水量9.25万m^3、16.28万m^3、36.82万m^3、89.02万m^3。

本规划增加了有效供水量，将缓解全县水资源紧缺状况，提高供用水系统保障程度及抗风险能力。

（3）改善了生态环境。A县生态建设配置水量逐年增加，地下水开采量维持在允许开采范围内，极大地改善了生态环境。

（4）为经济社会全面快速发展提供了供水保障。2011年全区供水量11700万m^3，2015年供水量11674万m^3，2016年供水量11701万m^3，2020年供水量11702万m^3，2030年供水量11694万m^3，供水量增长率不大，但用水效率提升较大，有力支撑着当地经济社会的快速发展。

全区配置给农业的水量从2011年的9647万m^3逐年增加到2030年的9895万m^3，增幅很小；配置给工业的水量从702万m^3逐年增加到1893万m^3，增幅较大；配置给生态环境的水量从195万m^3逐年减少到110万m^3，在生态环境用水面积增大的情况下，用水效率得以提高。水资源的配置向高效行业转移，水资源的利用效率与效益得以提高，人居环境逐步改善，社会、经济效益十分显著。

7.3.10.2 环境影响评价

本规划引、提水工程取水口多在庄浪河或大通河，A县取水量较庄浪河和大通河径流量而言相对较小，不会破坏河道内生态。规划中供水保障工程建设对环境主要有以下影响。

（1）施工区有地基开挖、坑地回填施工，会产生一定量的弃土、弃渣，对附近居民生活可能产生不利影响。施工期建筑材料搬运、搅拌会产生扬沙和扬尘、建筑生活垃圾，施工噪声，并产生少量的污废水、废气。

（2）施工过程需要占用土地，会损坏一些原生植被。在施工过程中，需严格遵守国家和当地政府制定的有关环境保护的法律、法规，采取必要的措施保护施工现场和周边的环境。具体措施如下。

1）施工现场与周边环境应采取措施进行隔离。

2）进入现场的材料、设备必须置放有序，不得任意堆放。

3）施工人员应具备良好的环保意识，不得在施工现场随地乱扔施工或生活垃圾。

4）在设备安装时，注意保护安装现场的周边环境和建筑物。

5）定期保养施工设备，文明施工，减小施工噪声。

6）工程完工后，及时完成工地清理工作，拆除施工临时设施、清除施工及生活区附近的废弃物，并如期撤退其人员、施工设备及剩余材料。

本规划工程建成运行后，不会对周围环境产生污染。

7.3.11　保障措施

为了基本满足不同水平年各行业用水需求，确保本规划得以贯彻执行，必须采取有效的保障措施。

（1）加强管理队伍建设，为规划的实施提供组织保障。设置专职的水资源规划管理和实施机构，组建能适应最严格水资源管理制度要求的水资源管理队伍。

（2）多渠道筹集资金，拓宽水利投融资渠道。在积极争取国家资金投入外，加大地方公共财政的水利投入，多渠道筹集资金，发挥政府在规划执行中的主导作用；综合运用财政和货币政策，引导金融机构增加水利信贷资金；广泛吸引社会资金投资水利、参与水利建设，拓宽水利投融资渠道。

（3）强化制度和能力建设。依据实行最严格水资源管理制度要求，强化本区水行政主管部门对水资源的管理，严格取水许可总量的控制管理。积极开展节水型社会建设，健全水权制度，加强总量控制，严格用水定额管理。重视经济和科技手段，引导公众参与，加快工程节水和管理建设，提高水资源利用效率和效益。

（4）加强计量等水资源管理基础设施建设。

1）建设边界控制断面水量水质监测系统。

2）完善取水户取用水计量设施。

3）建设水资源管理信息系统。

（5）规范统计与信息发布制度。结合水利普查工作，尽快完成取水户普查和用水统计工作，在水资源公报基础上，建立全县用水指标统计考核制度；继续完善取水许可管理台账制度和水量账户系统，建立全区取用水月、季和年度统计制度及地下水通报和考核制度。

（6）健全水权转让制度体系。满足经济社会发展用水要求及时跟踪总结水权转换试点项目的经验，规范水权转让的程序、地域、期限、价格、监管等重要环节，推进水权转让制度健康发展，最大限度地发挥水资源的综合效益，为全县经济社会的可持续发展提供有力保障。

（7）建立合理的水价形成机制，促进节水社会化管理。随着工业化和城市化进程的加快，城镇对水资源的需求日益增加，但现行水价不尽合理，致使用水浪费、水污染等现象比较突出，主要表现在以下几个方面。

1）水利工程供水价格偏低，农业用水缺乏科学的计量手段，大部分仍采取大水漫灌的灌溉方式；管理层次和价格环节乱收费问题仍有存在；水利工程供水成本核定方法不够完善，特别是农业用水和非农业用水价差较大的情况下，没有具体划分分类成本核算的办法，造成水价定价无章可循。

2）城市供水单位经营体制改革滞后于供水价格改革。供水成本不断上升，跑冒滴漏等现象较多，收费率偏低，产销差率较大，市政用水及消防用水不计量、不收费。投入的不断加大、供水成本的逐年上涨，无法合理补偿供水单位扩大再生产及提高服务质量的需求，现行的供水价格难以维持供水单位的正常生产。

3）水资源费征收力度不够，企业自备井取水水资源费征收标准偏低。水资源费的管理和使用缺少监督机制。

4）污水处理费的征收力度不如人意。要实现水资源的可持续利用，就必须改革现有水价体系。根据水资源的紧缺程度和供水成本的变化，适时调整水价，形成水价的合理调整机制，增加经济杠杆手段，促进节约用水，进一步强化全民节水意识，促进各项节水措施的落实，以水价引导农业结构的调整，以水价引导节水器具和节水工艺的推广，以水价引导合理利用地下水。成立用水者组织，鼓励公众参与水权、水量分配和水价制定，促进节水的社会化管理。

建议以经济手段为杠杆，采取下列措施促进节约用水。

a. 适时提高供水价格，对用水价格进行调整，统一征收标准，规范水费管理，对用户强化经济核算，促进节水技术的改进，不断降低水耗。

b. 制定合理的污水处理费征收标准，根据谁污染谁付费的原则，凡向城市管网排放污水的单位和个人，均收取污水处理费。改革污水处理费征收计费方式，加大征收工作力度。积极实施再生水回用战略，充分发挥水资源综合效益。

c. 加强农业用水价格管理，逐步将其纳入政府价格管理的范围，明确农业用水价格管理权限，规定农业用水计价方式，严格水费收支管理，推行明码标价制度，规范水费收缴行为等。

d. 改变市政公共设施用水不计量、不计费的制度，市政、绿化、消防等公共设施用水应实行计量计费制度。

参 考 文 献

［1］ 吴季松．水资源及其管理的研究与应用［M］．北京：中国水利水电出版社，2000.

［2］ 冯尚友．水资源持续利用与管理导论［M］．北京：科学出版社，2000.

［3］ 左其亭，陈曦．面向可持续发展的水资源规划与管理［M］．北京：中国水利水电出版社，2003.

［4］ 刘昌明，陈志凯．中国水资源现状评价和供需发展趋势分析［M］．北京：中国水利水电出版社，2002.

［5］ 朱党生，王超，程晓冰．水资源保护规划理论及技术［M］．北京：中国水利水电出版社，2002.

［6］ 张远，杨志峰，王西琴．河道生态环境分区需水量的计算方法与实例分析［J］．环境科学学报，2005（4）：429－435.

［7］ 姜文来．中国21世纪水资源安全对策研究［J］．水科学进展，2001（1）：66－71.

［8］ 王忠静，赵建世，熊雁晖．现代水资源规划若干问题及解决途径与技术方法（三）——系统分析的模拟、优化与情景分析［J］．海河水利，2003（3）：15－19.

［9］ 梁志刚，刘道成，赵万宏．水资源可持续发展规划初探［J］．水利科技与经济，2007（5）：315－316.

［10］ 王忠静，郑吉林，刘明葳．现代水资源规划若干问题及解决途径与技术方法（二）——水资源规划的“尺度效应”［J］．海河水利，2003（2）：16－19，70.

［11］ 姜涛．对区域水资源优化配置多目标规划的模型［J］．黑龙江水利科技，2004（2）：95.

［12］ 胡文云．水资源可持续利用规划多目标决策模型及其应用［J］．武汉工业学院学报，2005（1）：68－71.

［13］ 辛芳芳，梁川．基于模糊多目标线性规划的都江堰灌区水资源合理配置［J］．中国农村水利水电，2008（4）：36－38.

［14］ 彭少明，黄强，刘涵，等．黄河流域水资源可持续利用多目标规划模型研究［J］．干旱区资源与环境，2007（6）：97－102.

［15］ 孟晓路，郭龙浩，梁秀娟．吉林中部水资源决策支持系统中宏观经济水资源多目标规划问题解决方案的研究［J］．水文，2008（4）：20－23.

［16］ 袁伟，郭宗楼，田娟，等．富阳市水资源保护规划［J］．农机化研究，2005（3）：142－145，148.

［17］ 常昊琦．古交市水资源开发利用总体规划［J］．山西建筑，2009，35（6）：208－209.

［18］ 王振龙，吴亚军．淮北市水资源综合规划研究［J］．江淮水利科技，2008（5）：6－7，10.

［19］ 白天民．平顶山市南水北调受水区水资源配置规划方案初探［J］．河南水利与南水北调，2008（1）：12－14.

［20］ 吴文业，王恩德，尼庆伟，等．松原市水资源优化分配的多目标规划模型［J］．东北大学学报（自然科学版），2007（7）：1037－1040.

［21］ 周春亲，郭永贵，李建民，等．夏县水资源开发利用与规划［J］．山西水利，2003（5）：34－47.

［22］ 朱顺娟，郑伯红．以华容县为例浅谈县域水资源规划研究［J］．山西建筑，2007（16）：351－352.

［23］ 李金玉，富涛．白杨河灌区水资源优化配置浅析［J］．甘肃水利水电技术，2008（2）：118－119，117.

［24］ 张煜．浅析赣抚平原灌区水资源优化配置［J］．江西水利科技，2008（3）：227－229.

[25] 李景海．基于规则的水资源配置模型研究［D］．北京：中国水利水电科学研究院，2005.

[26] 张伟，吴泽宁．区域水资源优化配置多目标模型求解的 Matlab 与 Excel 集成实现［J］．气象与环境科学，2008（1）：24－27.

[27] 张鹏飞，郭靖．邯郸市缺水类型分析——模糊模式分析［J］．水利科技与经济，2009，15（1）：55－57.

[28] 姜莉萍，赵博．动态规划在水资源配置中的应用［J］．人民黄河，2008（5）：47－48.

[29] 夏军．可持续水资源系统管理研究与展望［J］．水科学进展，1997（4）：71－77.

[30] 焦爱华，杨高升．澳大利亚可持续发展水政策及启示［J］．水利水电科技进展，2002（2）：63－65.

[31] 方子云．土耳其 GAP 的开发是区域可持续发展的新模式［J］．水利发展研究，2002（2）：41－42.

[32] 方子云，汪达．国际水资源保护和管理的最近动态——水与可持续发展［J］．水资源保护，2001（1）：1－6，10－60.

[33] 王顺久，侯玉，张欣莉，等．中国水资源优化配置研究的进展与展望［J］．水利发展研究，2002（9）：9－11.

[34] 李继清，张玉山，王丽萍，等．可持续利用的水资源配置研究［J］．科技进步与对策，2003，20（3）：41－43.

[35] 冯巧，方国华，王富世．浅谈国外水资源规划［J］．水利经济，2006（2）：55－57，83.

[36] 童国庆．澳大利亚水资源利用规划［J］．水利水电快报，2009，30（1）：10－11.

[37] 翁文斌．现代水资源规划——理论、方法和技术［M］．北京：清华大学出版社，2004.

[38] 李贵生，胡建成．刘家峡水电站坝前和洮河库区泥沙淤积状况及应采取的对策［J］．人民黄河，2001（7）：27－28，34－46.

[39] 张芮，王双银．水利水能规划——水资源规划及利用［M］．北京：中国水利水电出版社，2014.

[40] 周妍，魏晓雯．中国声音在全球水治理中越唱越响［N］．中国水利报，2021－12－23.

[41] JAFFE M，AL－JAYYOUSI O. Planning Models for Sustainable Water Resource Development［J］．Journal of Environmental Planning & Management，2002，45（3）：309－322.

[42] LU R S，LO S L. Diagnosing reservoir water quality using self－organizing maps and fuzzy theory［J］．Water Research，2002，36（9）：2265－2274.

[43] MAGDALENA S，HELMUT L. Towards the Sustainable Use of Water：A Regional Approach for Baden－Wuerttemberg，Germany［J］．International Journal of Water Resources Development，1999，15（3）：277－290.

[44] GRIGG N S. Systemic Analysis of Urban Water Supply and Growth Management［J］．Journal of Urban Planning and Development（ASCE），1997，123（2）：23－30.

[45] MOKHLESUR M D，MUHAMMAD Q H，MOHAMMAD S L. Environmental impact assessment on water quality deterioration caused by the decreased Ganges outflow and saline water intrusion in south－western Bangladesh［J］．Environmental Geology，2000，40（1－2）：31－40.

[46] BRADEN J B，JERLAND E C. Balancing the economic approach to sustainable water management［J］．Water Science Technic，1999，39（5）：17－23.

[47] HAIMES Y Y. Multiple－Criteria Decision－making：A Retrospective Analysis［J］．IEEE Transactions on Systems Man and Cybernetics，1985，SMC－15（3）：313－315.

[48] CHANKONG V，HAIMES Y Y. Multiobjective Decision Making：Theory and Methodology［M］．New York：North－Holland，1983.

[49] ARGUE J R. Towards a universal stormwater management practice for arid zone residential developments［J］．Water Science & Technology，1995，32（1）：15－24.

[50] KO S K，OH M H，FOMTANE D G. Multiobjective analysis of service - water - transmission systems [J]. Journal of Water Resources Planning and Management，1997，123 (2)：78 - 83.

[51] HELLSTRÖM D，JEPPSSON ULF，KÄRRMAN E. Framework for systems analysis of sustainable urban water management [J]. Environmental Impact Assessment Review，2000，20 (3)：311 - 321.

[52] AFZAL J，NOBLE D H，WEATHERHEAD E K. Optimization model for alternative use of different quality irrigation waters [J]. Journal of Irrigation and Drainage Engineering，1992，118 (2)：218 - 228.

[53] WATKINS DAVID W，Jr McKinney，DAENE C R. Optimization for incorporating risk and uncertainty in sustainable water resources planning [J]. International Association of Hydrological Sciences，1995，231 (13)：225 - 232.

[54] WONG H S，SUN N Z，YEH W W G. Optimization of conjunctive use of surface water and groundwater with water quality constraints [C] //Aesthetics in the Constructed Environment. ASCE，1997：408 - 413.

[55] KUMAR ARUM. Optimal crop planning and conjunctive use of water resources in a coastal river basin [J]. Water Resources Management，2002，16 (2)：145 - 169.